NICOLE NÜTZEL

CHECKPOINT TRAUM JOB

Bibliografische Information der Deutschen Nationalbibliothek
Die Deutsche Nationalbibliothek verzeichnet diese Publikation in der Deutschen Nationalbibliografie. Detaillierte bibliografische Daten sind im Internet über https://dnb.de abrufbar.

Für Fragen und Anregungen
info@m-vg.de

Wichtiger Hinweis
Ausschließlich zum Zweck der besseren Lesbarkeit wurde auf eine genderspezifische Schreibweise sowie eine Mehrfachbezeichnung verzichtet. Alle personenbezogenen Bezeichnungen sind somit geschlechtsneutral zu verstehen.

Originalausgabe
1. Auflage 2024

Türkenstraße 89
80799 München
Tel.: 089 651285-0

Redaktion: Monika Spinner-Schuch
Umschlaggestaltung: Karina Braun
Umschlagabbildung: graphixmania/Shutterstock, Pensiri/Shutterstock, NeMaria/Shutterstock
Layout: Sonja Vallant
Satz: feschart print- und webdesign, Michaela Röhler, Leopoldshöhe
Druck: Florjancic Tisk d.o.o., Slowenien
Printed in the EU

ISBN Print 978-3-86881-960-1
ISBN E-Book (PDF) 978-3-96267-577-6
ISBN E-Book (EPUB, Mobi) 978-3-96267-578-3

NICOLE NÜTZEL

CHECKPOINT TRAUMJOB

Dein Weg zur erfolgreichen Bewerbung und zu einem erfüllten Berufsleben – in über 100 Infografiken

herway2success

REDLINE | VERLAG

Inhalt

Traumjob

Kapitel 1

Was macht dich aus und glücklich?

Wenn Menschen in ihrem Job frustriert sind oder aus einem anderen Grund ganz dringend einen (neuen) Job brauchen, gehen sie oft wahllos auf die Suche nach irgendeinem Job, der ganz nett klingt. Das hat zur Folge, dass sie sehr wahrscheinlich in einem Job oder bei einem Unternehmen landen, der bzw. das nicht zu ihnen passt. Um dem vorzubeugen, ist es wichtig, dass du dich selbst und deine Bedürfnisse verstehst, bevor du dich auf eine Jobsuche begibst, die wenig strategisch verläuft. Dafür empfiehlt es sich, deine Stärken, Werte und Ziele zu kennen und zu verstehen.

1.1 Werte als Grundlage des Handelns

Auch wenn wir sie nicht jederzeit auf dem Schirm haben, sind unser Handeln und Wohlbefinden – auch in beruflichen Situationen – durch unsere Werte geprägt. Sie können sich im Laufe der Zeit auch verändern, und sie werden auch durch unser Umfeld und unsere Gesellschaft beeinflusst. Trotzdem sind sie sehr individuell, sodass sich nicht jeder im selben Traumjob wohlfühlen kann und wird.

Während sich Lisa beispielsweise in der Großkanzlei mit all ihren karrierefokussierten Kollegen ganz wunderbar aufgehoben fühlt und die geregelten Strukturen dort braucht, wäre Lena in dieser Umgebung todunglücklich. Lisas Alltag ist vor allem durch Werte wie Anerkennung, Erfolg und Wohlstand geprägt. Lena hingegen braucht Freiheit, Spannung und Kreativität. Deshalb überrascht es nicht, dass sie sich in ihrem Job als Kreativdirektorin in einem jungen Start-up sehr gut aufgehoben fühlt.

AufgePasst!

Da deine Werte maßgeblich beeinflussen, in welchem Umfeld du dich im Berufsleben am wohlsten fühlst, sollte es dein erster Schritt auf dem Weg zum Traumjob sein, dass du herausfindest, was deine Werte sind. Denn sie sind die Grundlage für deine spätere Jobsuche. Hier findest du auch gleich ein paar Beispiele für Werte, damit du einen besseren Einstieg in die Thematik findest:

- Anerkennung
- Bescheidenheit
- Disziplin
- Ehrlichkeit
- Engagement
- Erfolg
- Familie
- Freiheit
- Freundlichkeit
- Führung
- Gemeinschaft
- Genauigkeit
- Gerechtigkeit
- Gesundheit
- Harmonie
- Hilfsbereitschaft
- Humor
- Integrität
- Kreativität
- Mitgefühl
- Mut
- Perfektion
- persönliches Wachstum
- Privatsphäre
- Professionalität
- Respekt
- Sicherheit
- Spannung
- Spaß
- Stabilität
- Vertrauen
- Wohlstand

Selbsttest

W1:	1	1	1	1	1	1	1	1	N_{W1} =
	2	3	4	5	6	7	8	9	
W2:	2	2	2	2	2	2	2		N_{W2} =
	3	4	5	6	7	8	9		
W3:	3	3	3	3	3	3			N_{W3} =
	4	5	6	7	8	9			
W4:	4	4	4	4	4				N_{W4} =
	5	6	7	8	9				
W5:	5	5	5	5					N_{W5} =
	6	7	8	9					
W6:	6	6	6						N_{W6} =
	7	8	9						
W7:	7	7							N_{W7} =
	8	9							
W8:	8								N_{W8} =
	9								
W9:									N_{W9} =

Meine 3 Topwerte:

1		2		3	

Abbildung 1-1: Werteübung - paarweiser Vergleich

Manchmal kommt es vor, dass uns unser Bauchgefühl einen Streich spielt, weil wir sehr lange von einer Sache überzeugt waren. Auch bei dem Thema Werte ist das nicht unüblich. Deshalb solltest du dein Bauchgefühl noch mit ein wenig Realität untermauern. Dazu eignet sich die Übung aus Abbildung 1-1 ganz hervorragend. Zunächst suchst du dir neun Werte aus, die dir auf den ersten Blick am wichtigsten erscheinen. Diese trägst du in die erste Spalte ein. Die Reihenfolge ist hierbei egal, weil du anschließend die einzelnen Werte miteinander vergleichen wirst. Zuerst vergleichst du Zeile 1 mit allen anderen acht Werten. Danach Zeile 2 mit den sieben weiteren Werten und so weiter. Du kreist jeweils ein, was dir wichtiger ist. 1 oder 2. 1 oder 3 und so weiter. Zum Schluss addierst du alle eingekreisten gleichen Werte und erhältst dadurch deine Topwerte.

Wenn du deine Werte kennst, unterstützt dich das sehr stark dabei, worauf du bei der Jobsuche achten musst, damit du dich bei einem Arbeitgeber und dem dortigen Job wohlfühlst. Deshalb solltest du in regelmäßigen Abständen prüfen, ob sich deine Werte verändert haben und noch mit deinen beruflichen Gegebenheiten zusammenpassen.

1.2 Deine besonderen Fähigkeiten

In unserer Optimierungsgesellschaft neigen wir häufig dazu, uns auf unsere Schwächen zu konzentrieren. Das ist oft frustrierend und wenig zielführend, weil es viel aufwendiger ist, Schwächen zu beseitigen, als unsere Stärken weiter auszubauen. Deshalb empfiehlt es sich bei der Jobsuche, seine Stärken zu kennen und sich bei der Berufswahl auf genau diese zu fokussieren. Dadurch hat man viel mehr Freude an der Sache, und es stellen sich häufiger Erfolgserlebnisse ein.

Wir selbst haben oft keinen guten Blick für unsere Stärken, weil wir es als völlig normal empfinden, dass uns gewisse Dinge leicht von der Hand gehen. Dabei sind genau das unsere Superkräfte. Sie sind die Basis für deinen Traumjob. Also wirf vor der nächsten Jobsuche unbedingt nochmal einen Blick auf die folgenden zwei Übungen (siehe Abbildung 1-2). Sie werden dein Selbstbewusstsein stärken und die Wahrnehmung deiner Stärken fördern.

Stärkenfinder

Übung 1: Der Blick von außen

Frage aus deinem Umfeld verschiedene Personen, bei welchen Themen sie dich um Rat oder Unterstützung bitten würden. Andere Menschen schauen viel wohlwollender und unvoreingenommener auf unsere Fähigkeiten als wir selbst. Deshalb lohnt es sich, hier Feedback einzuholen. Am besten kontaktierst du dazu Menschen aus verschiedenen Bereichen, also sowohl Freunde und Familie als auch Kollegen. Dann bekommst du ein umfassenderes Bild auf dein Stärkenprofil.

Übung 2: Der Blick von innen

Wirf einen Blick auf erfolgreiche vergangene Projekte (sowohl privat als auch beruflich) und frage dich, warum diese besonders gut gelaufen sind. Welche deiner Handlungen haben dazu geführt, dass diese Sache ein voller Erfolg wurde. Genau diese sind in der Regel deine Stärken, die du unbewusst tagtäglich einsetzt und als selbstverständlich abtust.

Abbildung 1-2: Übungen zur Stärkenfindung

Um es dir noch etwas leichter zu machen, deine Stärken herauszufinden, findest du in Abbildung 1-3 verschiedene Bereiche, in denen du nach deinen Stärken suchen kannst. Wenn deine Stärken in einem der Bereiche überwiegen, ist das bereits ein Signal dafür, wo du dich beruflich am wohlsten fühlen wirst. Denn wenn du einer Tätigkeit nachgehst, die deine natürlichen Fähigkeiten nutzt, fühlt sich der Beruf für dich wie eine zweite Haut an. Er geht dir leicht von der Hand, erfüllt dich und bringt dir regelmäßig Erfolgserlebnisse.

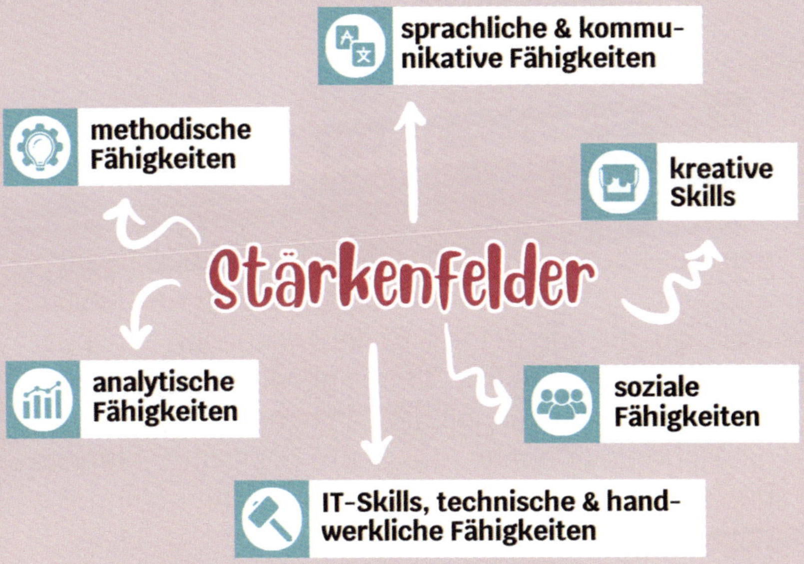

Abbildung 1-3: Beispiele für Stärkenbereiche

Halte deine Stärken unbedingt schriftlich für dich fest. Dann kannst du sie dir regelmäßig als nützlichen Reminder hervorholen und auch bei der Stellensuche als kleinen Helfer immer wieder zur Hand nehmen.

1.3 Wie sieht dein Wunscharbeitgeber aus?

Wenn du weißt, was du beruflich genau machen möchtest und welche die grundlegenden Werte sind, die dir am Herzen liegen, fehlt noch ein weiterer Schritt, um gewährleisten zu können, dass du künftig in einem Job landest, der dich glücklich macht. Du darfst herausfinden, welche Voraussetzungen ein Arbeitgeber für dich erfüllen muss, damit du dich bei ihm wohlfühlst. Solange du das für dich nicht erarbeitet hast, hat die Jobsuche nicht viel Sinn. Du designst dir also erst im Kopf deinen Wunschjob, bevor du dich an die Umsetzung in der Realität begibst.

AufgePasst!

Wie der ideale Wunscharbeitgeber in der Realität aussieht, ist natürlich sehr individuell. Am besten legst du dir vor deinen Gedankenspielen ein paar Kernkriterien zurecht, die du genauer spezifizieren möchtest. Dazu können die Länge des Arbeitsweges, die Höhe des Gehalts, die Größe des Unternehmens und zahlreiche weitere Dinge zählen. Nimm dir dafür unbedingt Zeit. Denn dieser Schritt ist wirklich wichtig, um für dich den richtigen Arbeitgeber finden zu können.

Wenn man Menschen fragt, warum sie in ihrem aktuellen Job unzufrieden sind, werden oft dieselben Dinge aufgezählt. Zu niedriges Gehalt, nerviger Chef, fehlende Entwicklungsmöglichkeiten, keine Wertschätzung der geleisteten Arbeit. Welche Fragen du dir beim Design deines Wunscharbeitgebers stellen darfst, siehst du zusammengefasst in Abbildung 1-4. Sie helfen dir dabei, ein klares Bild von dir und deiner Rolle beim Wunscharbeitgeber zu bekommen. Begib dich dafür an einen Ort, wo du dich wohlfühlst und entspannt bist.

Abbildung 1-4: Fragen fürs Design des Wunscharbeitgebers

In den Abbildungen 1-5 und 1-6 findest du ein Beispiel dafür, wie du deine IST-Situation und deine Wunsch-Situation (Soll) analysieren und gegenüberstellen kannst. Es empfiehlt sich, auch diesen Schritt in regelmäßigen Abständen nochmal zu gehen, um rechtzeitig zu überprüfen, ob noch alles im Lot ist. Denn wenn man erstmal unglücklich in seinem aktuellen Job ist, bauen sich sehr schnell Frust und Druck auf, sodass man beim neuen Job nicht sonderlich wählerisch ist und dann in eine Art Endlosschleife der Jobsuche kommt. Hamsterradgefahr!

Wunschjob Teil 1

Kriterium	Ist	Soll
Beruf & Position	Lead Buyer Junior	Lead Buyer Professional
Branche	Pharmaindustrie	Pharmaindustrie
Größe des Unterneh-mens	156 Mitarbeiter, keine Aufstiegs-möglichkeiten	mehr als 5000 Mitarbeiter, wegen besseren Karrierechancen
Kollegen	größtenteils älter als ich selbst, sehr konservativ	gute Mischung aus jung & alt, probieren gerne Neues aus
Führungs-kraft	Micro-Manager, der alles über-wacht und kontrolliert	Mentor, der for-dert und fördert; gibt Freiraum; ist unterstützend
Gehalt & Benefits	45.000 € Brutto 28 Tage Urlaub	60.000 € Brutto 30 Tage Urlaub Betriebsrente Ticket für ÖPNV
Möglichkeiten zur Entwick-lung & Weiterbildung	keine Entwick-lungschancen, Weiterbildungen alle abgelehnt	konkreter Ent-wicklungsplan für die nächsten 5 Jahre & jährlich Weiterbildungen

Abbildung 1-5: Design Wunschjob: Soll- & Ist-Vergleich (Teil 1)

Wunschjob Teil 2

Kriterium	Ist	Soll
Arbeitszeit	40 Stunden	35 Stunden
Arbeitsweg	60 Minuten mit dem PKW	nicht länger als 45 Minuten mit dem ÖPNV
Gestaltung des Arbeitsplatzes	IT-Ausstattung alt, keine Pflanzen, 20 MA im Großraumbüro	IT-Ausstattung modern, Pflanzen, nicht mehr als 5 MA pro Büro
Add-ons für Mitarbeiter im Unternehmen	keine	Kantine, Gym
Diversität & Gleichberechtigung	vor allem Männer mittleren und höheren Alters, Führung nur von Männern besetzt	Männer & Frauen 50:50, gemischtes Alter, gerne Kollegen anderer Nationalitäten
Ruf des Unternehmens	kaum bekannt, achtet nicht mehr auf die Umwelt als nötig	weltweit bekannt, sozial engagiert, modernes Umweltkonzept
Arbeitsstil im Unternehmen	Feedback ist nicht erwünscht, verstaubtes Excel-Geschubse	agile Methoden, New Work, offene Feedbackkultur

Abbildung 1-6: Design Wunschjob: Soll- & Ist-Vergleich (Teil 2)

Jobsuche

Kapitel 2

2.1 Wie findet man den richtigen Job?

Es gibt unzählige Wege, um nach Jobs zu suchen. An dieser Stelle werfen wir einen Blick auf die gängigsten. Und lass dir eins gesagt sein: Einzig und allein planlos in Online-Jobbörsen nach dem Traumjob zu suchen, ist keine sehr erfolgsversprechende Methode, um einen Job zu finden, der am Ende wirklich zu den eigenen Stärken, Neigungen und Zielen passt.

AufgePasst!

Ein Großteil der am Arbeitsmarkt verfügbaren Stellen wird nicht aktiv von Unternehmen ausgeschrieben oder in Jobbörsen vermarktet. Diese Stellen werden unter anderem über Netzwerke vergeben. Man spricht hierbei auch vom verdeckten Stellenmarkt. Wenn du also nur auf Online-Plattformen nach Jobs suchst, bleibt dir ein sehr großer Teil attraktiver Jobs verborgen. Deshalb solltest du unbedingt auf verschiedene Formen der Jobsuche setzen.

Heutzutage gibt es unzählige Möglichkeiten, um richtig coole Jobs zu finden. Um die Erfolgschancen der Suche zu erhöhen, kombinierst du bestenfalls ein paar dieser Möglichkeiten clever miteinander. In Abbildung 2-1 siehst du einige dieser Möglichkeiten aufgelistet. Ideal ist, wenn du immer einen Mix von verschiedenen Medien dabei verwendest. Beispielsweise besuchst du einen Karrieretag von deinem Lieblingsunternehmen, stöberst gleichzeitig auch auf Online-Jobbörsen und nutzt berufliche Social-Media-Plattformen, um professionell auf dich aufmerksam zu machen.

Abbildung 2-1: Beispiele für Möglichkeiten zur Jobsuche

Karrieremessen: Auf Karrieremessen stellt sich eine Vielzahl an Unternehmern als Arbeitgeber vor. Es gibt sie für alle möglichen Branchen. Bestenfalls hast du deine Bewerbungsunterlagen dabei und gehst direkt mit deinem Wunscharbeitgeber ins Gespräch.

Jobcenter: Gerade wenn man sich schon länger etwas schwer damit tut, Fuß zu fassen, kann auch das Jobcenter mit seinen zahlreichen Kontakten eine gute Anlaufstelle für Jobsuchende sein.

Karrieretage von Unternehmen: Ähnlich zur Karrieremesse, veranstalten einige Unternehmen eine Art kleine Hausmesse bei sich, um sich als Arbeitgeber vorzustellen. Am besten gleich mal Ausschau halten.

Headhunter: Unternehmen beauftragen oft Headhunter, gute Kandidaten für Schlüsselpositionen zu finden. Sie sitzen somit direkt an der Quelle zu spannenden Jobs. Es lohnt sich also, mit ihnen in Kontakt zu treten.

Zeitarbeitsfirmen: Oft nicht sehr beliebt, aber trotzdem ein mögliches Sprungbrett, um in großen Konzernen einen Fuß in die Tür zu bekommen. Für eine gewisse Übergangszeit können Zeitarbeitsfirmen von daher eine gute Alternative sein.

Social Media: Lass dich von Unternehmen für coole Jobs finden, indem du ein topgepflegtes Profil auf beruflichen Social-Media-Plattformen hast und dort mit potenziellen Arbeitgebern oder Headhuntern interagierst.

Webseiten von Unternehmen: Natürlich kannst du auch bei Unternehmen selbst nach dem für dich passenden Job Ausschau halten.

Online-Jobbörsen: Anlaufstelle Nummer 1 für Jobsuchende sind immer noch die Vielzahl an Jobbörsen im Internet. Nach Arbeitsort und Beruf gefiltert, bieten sich hier unzählige Möglichkeiten.

Eigenes Netzwerk: Von den meisten Menschen nur selten genutzt, aber nicht zu unterschätzen. Einfach mal im Bekanntenkreis fragen, ob bei deren Arbeitgebern eine für dich interessante Stelle zu besetzen ist.

2.2 Den für dich idealen Arbeitgeber finden

In Kapitel 1.3 hast du gelernt, wie du den für dich idealen Arbeitgeber im Kopf designst. Nun ist es an der Zeit, diesen Arbeitgeber in der Realität zu finden – oder zumindest einen, der möglichst nah an dein Ideal heranreicht. So erhöhst du die Chance, langfristig bei einem Arbeitgeber zufrieden zu sein und nicht regelmäßig auf Jobsuche gehen zu müssen.

In Abbildung 2-2 findest du ein Tool, das dir bei deiner Suche helfen wird. Es handelt sich dabei um eine Bewertungsmatrix für Arbeitgeber. Wenn du weißt, wo du leben möchtest, suchst du die Zielgegend nach potenziellen Arbeitgebern ab. Dafür kannst du ein Unternehmensverzeichnis aus dem Internet verwenden. Anschließend nutzt du zur Bewertung der Arbeitgeber die Kriterien, die du bereits in Kapitel 1.3 festgelegt hast. Dafür vergibst du eine Punktzahl zwischen

0 und 5, wobei 0 sehr schlecht und 5 sehr gut ist. Ist ein Kriterium für dich besonders wichtig, kannst du ihm auch eine höhere Gewichtung geben – zum Beispiel von 0 bis 10. Den Großteil der dafür benötigten Informationen findest du mittlerweile auf zahlreichen Arbeitgeberbewertungsportalen im Internet oder auf der Webseite der Firmen.

Toparbeitgeber

Nr.	Firma	Punkte	Größe	Gehalt	Arbeitsweg	...
1	F1	11	5	5	1	
2	F2	5	2	3	0	
3	F3	9	3	1	5	
4	F4	7	1	1	5	
5	F5	8	4	2	2	
6	F6	5	2	0	3	
7	F7	11	5	5	1	
8	F8	4	1	3	0	
9	F9	6	0	2	4	
10	F10	7	0	4	3	

Abbildung 2-2: Arbeitgeber-Bewertungsmatrix

Sobald du mit Hilfe der Bewertungsmatrix die für dich besten Arbeitgeber gefunden hast, schaust du in regelmäßigen Abständen auf den Webseiten der Unternehmen vorbei, um herauszufinden, ob es für dich dort interessante Stellenangebote gibt, die zu dir passen.

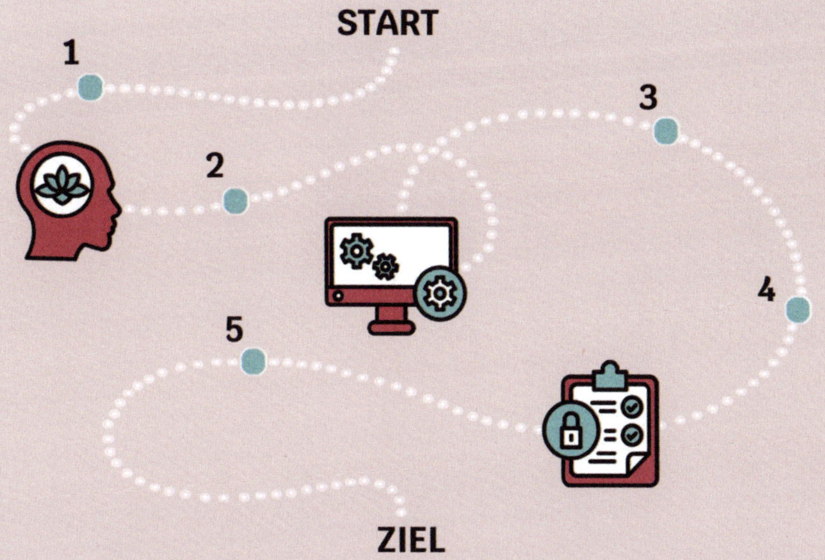

Abbildung 2-3: 5-Schritte-Bewerbungsfahrplan

Wenn du ein für dich interessantes Stellenangebot entdeckt hast, geht es ans Eingemachte. Denn dann kannst du deinen Bewerbungsfahrplan in fünf Schritten angehen. Zunächst analysierst du die Stellenanzeige (Schritt 1) und überprüfst deinen Fit zum Job. Anschließend setzt du ein überzeugendes Anschreiben (Schritt 2) auf, bevor du mit der Erstellung des Herzstücks deiner Bewerbung loslegst – dem Lebenslauf (Schritt 3). Als letzten Teil deiner Bewerbungsunterlagen stellst du abschließend noch passgenau deine Anhänge (Schritt 4) zusammen. Und um auch wirklich ins Vorstellungsgespräch zu kommen, darfst du Schritt 5 natürlich nicht vergessen. Doch wie sieht der aus? Unterlagen ordnungsgemäß verschicken, smart bei dir ablegen und bei ausbleibender Rückmeldung dranbleiben. Los geht's!

Fit zum Job

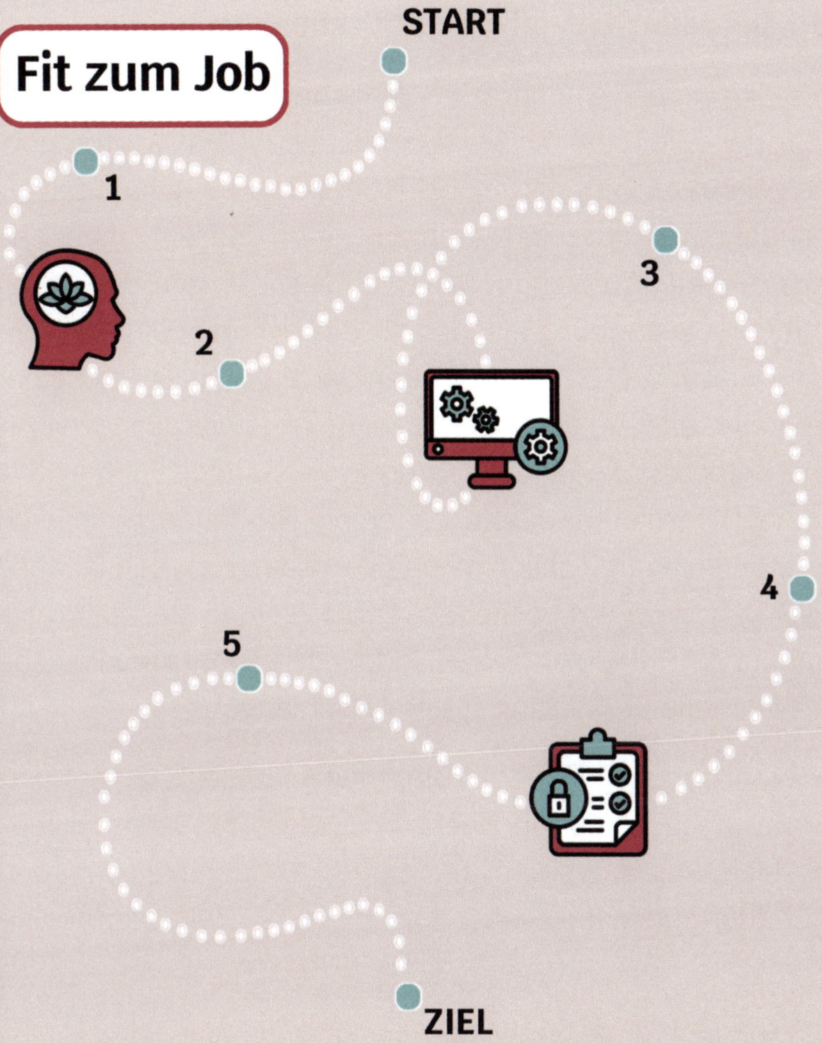

Stellenanzeige

Kapitel 3

3.1 Detaillierte Analyse der Stellenanzeige

Mit diesem ersten Schritt im Bewerbungsprozess steht und fällt der Erfolg deiner Bewerbungsreise. Doch worum geht es genau? Es geht darum, vor jeder Bewerbung die Stellenanzeige auf Herz und Nieren zu prüfen. Warum solltest du das unbedingt machen? Weil du dir sonst sehr viel Arbeit mit einer Bewerbung machst, die dich wahrscheinlich nicht zum gewünschten Erfolg führen wird. Damit ist nicht nur gemeint, dass du eine Absage auf deine Bewerbung bekommen könntest. Es kann dir ohne ein Verständnis für die Stelle auch passieren, dass du in einem Job landest, der dich letztendlich unglücklich macht. Dann darfst du sehr schnell wieder auf Jobsuche gehen. Diese Spirale des Jobfrusts kannst du einfach umgehen, indem du sowohl die Jobsuche als auch die Bewerbung systematisch angehst.

Die meisten Jobsuchenden überfliegen Stellenanzeigen nur. Sie lesen höchstens die Überschrift, die in der Regel der Jobbezeichnung entspricht, und springen dann sofort zu den Anforderungen, die auch nur schnell überflogen werden.

Mit dieser Vorgehensweise ist deine Mission Traumjob von Anfang an zum Scheitern verurteilt. Denn nur weil die Jobbezeichnung mit der übereinstimmt, die du jetzt hast oder gerne haben möchtest, bedeutet das längst nicht, dass der Inhalt der Tätigkeit deinen Vorstellungen entspricht. Jobs sehen in der Regel von Unternehmen zu Unternehmen vollkommen verschieden aus. Denn jeder Arbeitgeber setzt andere Schwerpunkte in den jeweiligen Jobs und ordnet

Tätigkeiten im Unternehmenskontext unterschiedlich ein. In Abbildung 3-1 siehst du, warum du nie ohne detaillierte Analyse der Anzeige und ein Verständnis für den Job in den Bewerbungsprozess starten solltest.

Abbildung 3-1: Gründe für die Analyse von Stellenanzeigen

Jetzt weißt du, warum du der Stellenanzeige für deinen Traumjob immer auf den Zahn fühlen solltest. Viel wichtiger ist allerdings, dass du auch weißt, wie das funktioniert. Bevor wir tiefer in dieses Thema einsteigen, solltest du dir über die grobe Vorgehensweise im Klaren sein. Die in Abbildung 3-2 dargestellten fünf Schritte haben sich bei der Analyse von Stellenanzeigen bewährt. Wirf zunächst einen Blick darauf, bevor wir auf die einzelnen Schritte detailliert eingehen.

Was ist zu tun?

1. Lies die Stellenanzeige zunächst mehrmals in **Ruhe** durch.
2. Stelle dir die ausgeschriebene Stelle vor und versetze dich dabei in die **Situation des Verfassers** hinein.
   → Was braucht der Verfasser?
   → Welches Problem möchte er lösen?
3. Überprüfe die Stellenanzeige zunächst oberflächlich gemäß dem Anforderungskatalog für Stellenanzeigen und hinterfrage anschließend dein **Bauchgefühl** danach, wie ansprechend du das Angebot findest. Nur wenn du wirklich Lust auf den Job hast, kann es weitergehen.
4. Notiere dir auf einem Blatt Papier alle **MUSS-Anforderungen** aus der Anzeige. Erfüllst du davon mindestens 80 Prozent, geht es weiter.
5. Liste unter den MUSS-Anforderungen anschließend auch alle **KANN-Anforderungen** aus der Stellenanzeige auf. Markiere dir zum Schluss alle von ihnen, die du auf die ein oder andere Weise erfüllst.

Abbildung 3-2: Detaillierte Vorgehensweise bei der Analyse von Stellenanzeigen

3.2 So sind Stellenanzeigen aufgebaut

Ähnlich wie bei Arbeitszeugnissen (siehe Kapitel 7) gibt es auch bei Stellenanzeigen einen besonderen Sprachcode – auch wenn er nicht ganz so stark ausgeprägt ist. Dieser Code besteht aus MUSS-Anforderungen, KANN-Anforderungen und versteckten Botschaften. Diese gilt es, zu entschlüsseln, was zunächst etwas verwirrend sein kann.

Aber bevor du die Stellenanzeige nicht bis ins kleinste Detail verstanden hast, brauchst du nicht mit der Erstellung deiner Bewerbung loszulegen. Denn dann wirst du wahrscheinlich nicht zeigen können, dass du genau weißt, was es für diesen Job braucht. Neben diesem Code gibt es weitere klassische Inhalte, die du in nahezu jeder Stellenanzeige finden kannst.

AufgePasst!

Gute Stellenanzeigen aufsetzen zu können, ist keine Selbstverständlichkeit. Selbst heute wird dies in vielen Unternehmen häufig noch sehr unprofessionell umgesetzt. Das sorgt natürlich für einen sehr großen Recruiting-Aufwand bei den Unternehmen. Aber auch für Jobsuchende ist es frustrierend, wenn der Job letztendlich ganz anders aussieht, als er vom Unternehmen ausgeschrieben war. Deshalb lohnt es sich für Bewerbende immer, die Qualität einer Stellenanzeige sachlich zu bewerten.

Von all den möglichen Bestandteilen (siehe Abbildung 3-3), die in Stellenanzeigen zu finden sein können, sollten zumindest die Beschreibung der Tätigkeiten und das Anforderungsprofil detailliert und stimmig ausgearbeitet sein. Denn wenn du diese Anzeige mehrfach gelesen hast, solltest du dir einen typischen Arbeitstag im neuen Job sehr genau vorstellen können. Ist dies nicht der Fall, ist die Stellenanzeige entweder schlecht aufgesetzt worden oder du bist aufgrund fehlender Abschlüsse und Erfahrungen nicht für den Job qualifiziert. Dir den Joballtag vorstellen zu können, wird dir auch beim Erstellen deiner Bewerbung helfen. Denn dann kannst du definitiv genau die richtigen Akzente in deinen Unterlagen setzen. Aber was steht denn drin?

Firmenprofil: Ganz oben in der Stellenanzeige macht das Unternehmen Werbung für sich selbst. Hier findest du allgemeine Angaben zum Unternehmen, wie beispielsweise Gründungsjahr, Branche, Mitarbeiterzahl, Standorte, Produkt- bzw. Dienstleistungsportfolio und besondere Meilensteine in der Firmengeschichte.

Jobbezeichnung: In diesem Bereich befindet sich der genaue Jobtitel (Bezeichnung) der ausgeschriebenen Stelle. Lass dich aber nicht davon in die Irre leiten, wenn die Bezeichnung der Stelle nicht zu 100 Prozent dem entspricht, was du bisher gemacht hast oder suchst. Oft verbergen sich hinter sehr unterschiedlichen Bezeichnungen ähnlich gestaltete Jobs. Hier kommt ein kleines Beispiel für dich zur Veranschaulichung.

Abbildung 3-3: Kerninhalte von Stellenanzeigen

Mediengestalter, Grafiker und Werbedesigner klingen zunächst nach verschiedenen Berufen. Das können sie auch sein. Doch ganz häufig werden diese Begriffe von Unternehmen als Synonyme verwendet, die bei ihnen im Unternehmen genau das Gleiche bedeuten. Also lass dich von der verwendeten Bezeichnung nicht abschrecken, wenn deine Erfahrungen und Qualifikationen mit dem Gesuchten übereinstimmen.

Kompetenzanforderungen: Hier geht es für Bewerbende selbst das erste Mal zur Sache. Sämtliche vorausgesetzte Qualifikationen wie Ausbildung, Studium, berufliche Erfahrungen, Sprachkenntnisse sowie soziale und methodische Kompetenzen werden in diesem Bereich der Anzeige verpackt. Im Anforderungsbereich beschreibt der potenzielle

Abbildung 3-4: Bestandteile von Kompetenzanforderungen in Stellenanzeigen

Arbeitgeber die aus seiner Sicht erforderlichen Kompetenzen für diesen Job in seinem Unternehmen. Mach dir aber keine Sorgen, wenn du diese nicht zu 100 Prozent erfüllst. Denn das ist in der Regel gar nicht notwendig. Trotzdem solltest du in jedem Fall eine ehrliche Einschätzung zu allen in Abbildung 3-4 aufgezeigten Anforderungsbestandteilen durchführen.

Aufgaben: An dieser Stelle findet man in der Regel eine etwas detailliertere Beschreibung der Tätigkeiten und Aufgabenbereiche, die diese Position umfasst. Zumindest die Kerntätigkeiten für den Job sollten hier nachvollziehbar beschrieben sein.

Verpflichtungen: Falls es für einen Job spezifische Vollmachten und Befugnisse gibt, werden diese teilweise in Stellenanzeigen bereits benannt. Aber auch Angaben zu einer möglichen Führungsverantwortung sind hier zu finden.

Art der Anstellung: Informationen zu Voll- oder Teilzeitanstellung, Festanstellung oder Befristung sollten in der Stellenanzeige auf jeden Fall enthalten sein. Für Bewerbende ist das besonders interessant. Denn für viele Jobsuchende kommt eine zeitlich befristete Stelle gar nicht in Frage, weil sie nicht schon bald wieder auf Jobsuche gehen möchten.

Standort: Auch wo sich dein künftiger Arbeitsplatz befindet, sollte unbedingt sehr klar aus der Stellenanzeige hervorgehen. Denn vielleicht hast du keine Lust auf Pendeln oder einen Umzug. Heutzutage zusätzlich sehr interessant ist außerdem die Angabe dazu, ob es die Möglichkeit für mobiles Arbeiten bzw. Arbeit im Homeoffice gibt. Falls du dazu nichts in der Stellenanzeige findest, kannst du auch mal einen Blick auf eines der Bewertungsportale für Arbeitgeber im Internet werfen. Dort finden sich in der Regel Informationen dazu.

Besondere Arbeitsbedingungen: Wenn für die ausgeschriebene Stelle regelmäßig Schichtarbeit oder häufige Dienstreisen erforderlich sind, sollten auch dazu unbedingt Angaben in der Stellenanzeige zu finden sein. Denn natürlich muss der Job auch zu den privaten Gegebenheiten des Jobsuchenden passen. Wie hoch ist der Reiseanteil bei dieser Tätigkeit? Ist Schichtdienst gefordert? Detaillierte Antworten auf diese Fragen sind in diesem Teil der Stellenanzeige vermerkt.

Angebot des Unternehmens: In diesem letzten Bestandteil will sich das Unternehmen als attraktiver Arbeitgeber darstellen. Hier zeigt es auf, was es zu bieten hat. Das können sein: Weiterbildungsmöglichkeiten, Perspektiven, Dienstwagen und vieles mehr.

Abbildung 3-5 zeigt ein Praxisbeispiel für die typische Gestaltung von Stellenanzeigen. Der Einstieg in die Anzeige ist der Jobtitel. Im vorliegenden Fall handelt es sich um eine Stelle als Projektleitung in der Unternehmenskommunikation eines Beratungsunternehmens. Direkt darunter befinden sich die Angaben zur Art der Anstellung und zum Arbeitsort. Anschließend siehst du das Kurzprofil des Unternehmens.

Praxisbeispiel

Projektleiter (m/w/d) in der Unternehmenskommunikation
(Festanstellung, Vollzeit, bis zu 40 Prozent Homeoffice möglich)

Als Experte für tiefgreifende Transformationsprozesse im strategischen Kontext positioniert sich YourWay2Success seit über 20 Jahren erfolgreich in der systemischen Organisationsberatung. Das Unternehmen mit Standorten im Großraum Frankfurt, New York und Tokio stärkt die Selbsterneuerungskraft von Unternehmen und begleitet diese dabei, organisatorische Veränderungen erfolgreich zu bewältigen. Um unser organisches Wachstum erfolgreich zu begleiten, suchen wir für unseren Standort Frankfurt Verstärkung für die **Projektleitung (m/w/d) in der Unternehmenskommunikation**

Ihre Aufgaben:

- Entwicklung und Umsetzung einer Kommunikationsstrategie mit dem Marketing-Team zur Steigerung der Bekanntheit des Unternehmens
- Redaktionelle Entwicklung der Unternehmenswebsites und Umsetzung von crossmedialen Kommunikationskampagnen
- Leitung der Beratungs- und Redaktionsteams im Rahmen der zielgruppengerechten Change-Kommunikation in unseren Kundenprojekten
- Leitung der systematischen Vorbereitung von Akquiseterminen
- Erstellung von Kommunikationsmaterial und Inhalten für Marketing-Kampagnen, Pressemitteilungen, Advertorials und Social-Media-Beiträge
- Unterstützung des SEO von erstellten Inhalten für digitale Plattformen

Das bringen Sie mit:

- Abgeschlossenes Hochschulstudium der Betriebswirtschaftslehre mit Schwerpunkt Marketing oder eine vergleichbare Qualifikation
- Mindestens 5 Jahre Berufserfahrung in der Unternehmenskommunikation
- Wir erwarten eine stilsichere schriftliche und mündliche Kommunikation.
- Hervorragende Kenntnisse in Deutsch und Englisch setzen wir voraus.
- Geübter Umgang mit MS Office & idealerweise Kenntnisse in SAP R3
- Nachweisbare Erfahrung in der Leitung interdisziplinärer Teams
- Nützlich sind eine schnelle Auffassungsgabe, Organisationstalent und Freude an der kooperativen Arbeit im Team.
- Reisebereitschaft (bis ca. 20 Prozent), gelegentlich auch ins Ausland

Das erwartet Sie bei uns:

- Sicherer Arbeitsplatz mit wirtschaftlicher Stabilität seit über 20 Jahren
- Freundliche Unternehmenskultur mit Kommunikation auf Augenhöhe
- Perspektivisch Firmen-PKW zur privaten Nutzung
- Urlaubsanspruch von 36 Tagen pro Jahr
- Mitarbeiterrestaurant mit reichhaltigem Angebot zur Stärkung
- Intensive Einarbeitung mit Mentor*in und Tandem-Partner*in

Abbildung 3-5: Beispiel für eine typische Stellenanzeige

Da das Unternehmen bereits seit mehr als 20 Jahren am Markt etabliert ist, kannst du davon ausgehen, dass es sich hierbei um einen Arbeitgeber mit gefestigten Strukturen und Organisationsprozessen handelt. Anhand der Beschreibung der Aufgaben erkennst du schnell, dass dies kein typischer Job in der Unternehmenskommunikation ist. Vielmehr handelt es sich um eine Zwitter-Funktion aus einer Leitungsaufgabe und operativen Tätigkeiten. Denn der Job ist sowohl durch verschiedene Projektleiterfunktionen als auch typische ausführende Tätigkeiten in der Unternehmenskommunikation gekennzeichnet. Solche Positionen sind ein ideales Sprungbrett zur Weiterentwicklung im Unternehmen.

Die zweigleisige Ausrichtung der Stelle spiegelt sich auch in den Anforderungen an den passenden Kandidaten wider. Neben klassischen Marketing- und Kommunikations-Skills erwartet das Unternehmen gleichzeitig Führungserfahrung in der Leitung von interdisziplinären Teams. Außerdem wird auf die Besonderheit von einem Reiseanteil in dieser Position von bis zu 20 Prozent hingewiesen – auch ins Ausland. Das überrascht nicht, da es sich um ein Unternehmen mit internationalen Standorten handelt. Abschließend findest du in der Stellenzeige noch das Angebot des Unternehmens. Hier fallen besonders der hohe Urlaubsanspruch und das Mentoring-Programm des Unternehmens inklusive Tandem-Partner als spannendes Extra ins Auge. Der Rest entspricht dem heutigen Standard im Angebot.

Tipp!

Am besten hast du parallel zur Stellenanzeige auch immer gleich die Webseite des Unternehmens geöffnet, um dir direkt ein Bild von dem machen zu können, was dich im Unternehmen hinsichtlich Arbeitsweise, Unternehmenskultur und dem Portfolio erwartet. Dann bekommst du ein besseres Gefühl dafür, ob die ausgeschriebene Stelle zu deinen Vorstellungen, Neigungen und Erwartungen passt.

3.3 MUSS-Anforderungen in Stellenanzeigen

Nun werfen wir einen Blick auf die MUSS-Anforderungen in Stellenanzeigen. Sie sind die Kernanforderungen, die der Arbeitgeber an die ausgeschriebene Stelle hat, und werden deshalb in der Anforderungsliste häufig zuerst genannt – stehen also ganz oben. Es kann auch vorkommen, dass sie in der Anzeige zusätzlich durch Fettschrift hervorgehoben werden. Wundere dich nicht, wenn dir in diesem Zusammenhang der Begriff SOLL-Anforderungen begegnet. Er wird deutlich seltener verwendet, meint aber dieselben essenziellen bzw. notwendigen Kriterien, die du unbedingt erfüllen musst, um eine Chance auf den Job zu bekommen. Die MUSS-Anforderungen in der Stellenausschreibung geben dir ganz klare Hinweise dafür, ob du für den Job geeignet bist oder nicht. Denn hinter diesen Formulierungen für MUSS-Anforderungen stehen in der Regel beinahe ausschließlich K.o.-Kriterien. Von daher haben sie bei Personalern oberste Priorität. In der Regel sind diese eins zu eins so zu erfüllen, wie sie in der Stellenbeschreibung ausgeschrieben sind. Wenn du diese nicht mindestens zu 80 Prozent erfüllst, ist eine Bewerbung in den meisten Fällen schon vorab zum Scheitern verurteilt.

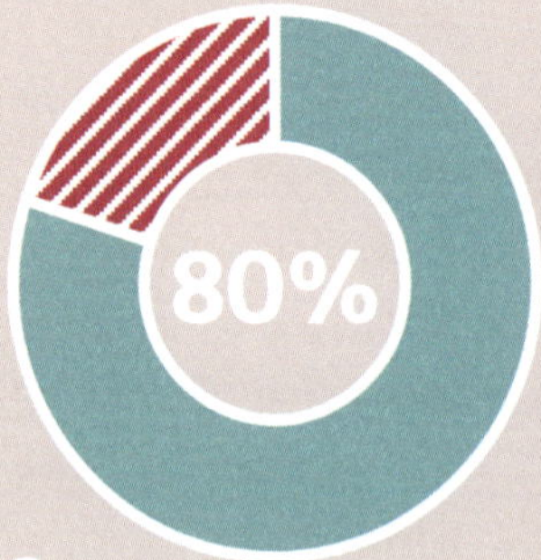

AufgePasst!

Bei den genannten 80 Prozent handelt es sich um einen Daumenwert, der sich nur auf die Kernanforderungen (die MUSS-Anforderungen) für eine Stelle bezieht. Es gibt noch weitere Anforderungen in der Stellenanzeige, die nicht zwangsläufig erfüllt werden müssen. Deshalb kann es zum Schluss auch sein, dass du insgesamt weniger als 80 Prozent aller Anforderungen erfüllst und trotzdem bestens für den Job geeignet bist. Also lass dich von diesem Wert nicht abschrecken. Du solltest dich davon niemals abhalten lassen, dich auf deinen Traumjob zu bewerben. Vielleicht bringst du im Gesamtpaket auch noch Kompetenzen mit, die der Arbeitgeber bei der Ausschreibung gar nicht auf dem Schirm hatte und die dann die anderen Defizite wieder ausgleichen.

Steht in der Ausschreibung beispielsweise, dass ein BWL-Studium für den Job gefordert wird, reicht es nicht, wenn du einfach irgendein anderes Studium absolviert hast. Trotzdem gibt es auch hier Grauzonen. Denn hast du ein fachnahes Studium (z.B. Politik mit Ausrichtung Wirtschaft) abgeschlossen, in dem in der Regel ähnliche Schwerpunkte gesetzt werden, und bringst zusätzlich noch Erfahrung in einer ähnlichen Tätigkeit mit, solltest du es in jedem Fall trotzdem mit einer Bewerbung versuchen. Denn dann wird man dich normalerweise nicht aufgrund eines solchen Details aussortieren. Deine Aufgabe muss es von daher zunächst immer sein, Gemeinsamkeiten zwischen den Anforderungen und dem, was du mitbringst, zu finden und aufzuzeigen.

Stellenanzeige	Deine Brücke
Abschluss: BWL-Studium mit Schwerpunkt Finance	**Abschluss:** Studium der Politikwissenschaft mit Schwerpunkt Wirtschaft und Geldpolitik
Erfahrung: mind. 3 Jahre im Projektcontrolling im produzierenden Gewerbe	**Erfahrung:** 5 Jahre Erfahrung im Werkscontrolling in spanischer Chemieindustrie
Skills: SAP R3, Excel, Jira, MS Teams, Spanisch, Stakeholder Management	**Skills:** SAP R3, Excel, Jira, Spanisch, Schnittstellenkoordination

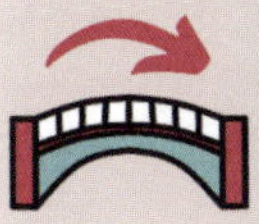

Abbildung 3-6: Passung zum Job – Brücken bauen

Merke dir Folgendes: Brücken bauen! Häng dich nicht starr an dem auf, was du in der Stellenanzeige liest. Du solltest die Inhalte der Anzeige so gut verstehen und auf deine Qualifikationen, Kompetenzen und Erfahrungen übertragen können, dass du auch bei einer zunächst nicht ganz offensichtlichen Passung zeigen kannst, dass du den Job trotzdem kannst und die Anforderungen daran erfüllst. Ein Beispiel dafür, wie das funktioniert, findest du in Abbildung 3-6. Auf den ersten Blick wirken beide Profile sehr unterschiedlich. Tatsächlich bringen beide ähnliche Fähigkeiten für den Job mit.

Ähnlich ist es bei den meisten MUSS-Anforderungen. Du solltest die Flinte nicht gleich ins Korn werfen, wenn du nicht direkt wortwörtlich einen Zusammenhang zu deinen Fähigkeiten herstellen kannst. Außerdem kannst du sie dir auch in Nebentätigkeiten, Ehrenämtern und Weiterbildungen angeeignet haben. Das haben die meisten Jobsuchenden gar nicht auf dem Schirm. Um zu zeigen, dass du trotzdem für den Job geeignet bist, musst du dann eine Brücke zum angestrebten Beruf schlagen und Gemeinsamkeiten hervorheben, sodass auf einen Blick ersichtlich wird, dass du der Aufgabe gewachsen bist.

Woran erkennst du MUSS-Anforderungen?

In den meisten Fällen kannst du MUSS-Anforderungen in einer Stellenanzeige an bestimmten Buzzwords bzw. Formulierungen ausmachen, aus denen deutlich hervorgeht, dass dieses Detail für die ausgeschriebene Stelle zwingend erforderlich ist. Ein paar konkrete Beispiele für typische Formulierungen und solche Buzzwords findest du in Abbildung 3-7.

Buzzwords

- ... wird erwartet.
- Zwingend erforderlich ist ...
- Mindestanforderung ist ...
- ... sind für Sie selbstverständlich.
- Hervorragende Kenntnisse in ... setzen wir voraus.
- Berücksichtigt werden nur Bewerbungen mit ...
- Sie verfügen über nachweisliche Erfolge im Bereich ...
- Unbedingt notwendig sind ...
- Perfekte Kenntnisse in ...
- Sie besitzen ...

Abbildung 3-7: Praxisbeispiele typischer Buzzwords für MUSS-Anforderungen

Praxisbeispiele

- Wir erwarten hervorragende Kenntnisse in der aktuellen Steuergesetzgebung.
- Der Umgang mit den Microsoft Office-Anwendungen Excel, Word und PowerPoint ist für Sie selbstverständlich.
- Sie besitzen einen Führerschein der Klasse B.
- Ein abgeschlossenes betriebswirtschaftliches Studium mit Schwerpunkt Finanzen oder Controlling ist Voraussetzung.
- Sie verfügen über hervorragende Excel-Kenntnisse und bringen außerdem mehrjährige Erfahrung in der VBA-Programmierung mit.
- Sie verfügen über nachweisliche Erfolge in den Bereichen Contentmarketing und Social-Media-Management (Instagram & LinkedIn).
- Sie bringen exzellente SAP/R3-Kenntnisse mit, vorzugsweise in den Modulen CO, PP und PS.
- Neben verhandlungssicheren Englischkenntnissen (Level C2) verfügen Sie ebenfalls über gute Kenntnisse in Russisch (Level B2).
- Reisebereitschaft (bis zu 40 Prozent im europäischen Ausland) und eine ausgeprägte Kommunikationsstärke setzen wir voraus.

Abbildung 3-8: Praxisbeispiele für MUSS-Anforderungen

3.4 KANN-Anforderungen in Stellenanzeigen

In der Regel suchen Unternehmen nach der eierlegenden Wollmilchsau, die sämtliche an die Position gestellten Anforderungen erfüllt. Und am besten sogar noch mehr. Natürlich gibt es diesen perfekten Kandidaten nicht. Deshalb kommen die KANN-Anforderungen in Stellenanzeigen ins Spiel. Die KANN-Anforderungen in einer Stellenausschreibung beschreiben vom Kandidaten gewünschte Qualifikationen. Sie sind quasi das Tüpfelchen auf dem i, wenn es um den Wunschkandidaten für die ausgeschriebene Stelle geht. Sie können zum Schluss bei der Bewerberauswahl das Zünglein an der Waage sein, wenn mehrere Bewerbende die gleichen MUSS-Anforderungen erfüllen. Von daher ist es für dich immer von Vorteil, wenn du auch möglichst viele dieser Anforderungen erfüllst, selbst wenn es nicht zwingend erforderlich ist. Denn so erhöhst du deine Erfolgschancen im Bewerbungsprozess.

Woran erkennst du KANN-Anforderungen?

Auch KANN-Anforderungen kannst du in den meisten Fällen in einer Stellenanzeige an bestimmten Buzzwords bzw. Formulierungen erkennen, aus denen deutlich hervorgeht, dass dieses Detail für die ausgeschriebene Stelle nicht zwingend erforderlich ist. Beispiele für diese Buzzwords findest du in Abbildung 3-9. Du merkst bereits am Klang der Beispiele, dass diese viel weicher und weniger fordernd formuliert sind. Typischerweise findest du oft auch Konjunktive wie »wäre« und »könnte« in den Formulierungen.

Buzzwords

- Nützlich sind ...
- ... wären von Vorteil
- Hilfreich wäre ebenfalls ...
- Mit guten Kenntnissen in ...
- Wünschenswert sind zudem ...
- Ausbaufähige Kenntnisse in ...
- Wenn Sie außerdem ... mitbringen.

Abbildung 3-9: Praxisbeispiele typischer Buzzwords für KANN-Anforderungen

Hier noch ein kleiner Tipp für dich: KANN-Anforderungen lassen sich in den meisten Fällen leicht aneignen. Wenn es deine Zeit zulässt, schau einfach mal, ob du Minikurse belegen kannst, um dir die benötigten Kenntnisse oder zugehörige Grundlagen anzueignen.

Merke dir unbedingt, dass die Nichterfüllung von KANN-Anforderungen nicht zwangsläufig ein Ausschlusskriterium im Bewerbungsprozess sein muss. Viel wichtiger ist, dass der Gesamteindruck deiner Bewerbung vermittelt, dass du bereit und in der Lage bist, diese Defizite auszugleichen. Deine wichtigsten Learnings zu den KANN-Anforderungen findest du in Abbildung 3-10 noch einmal zusammengefasst.

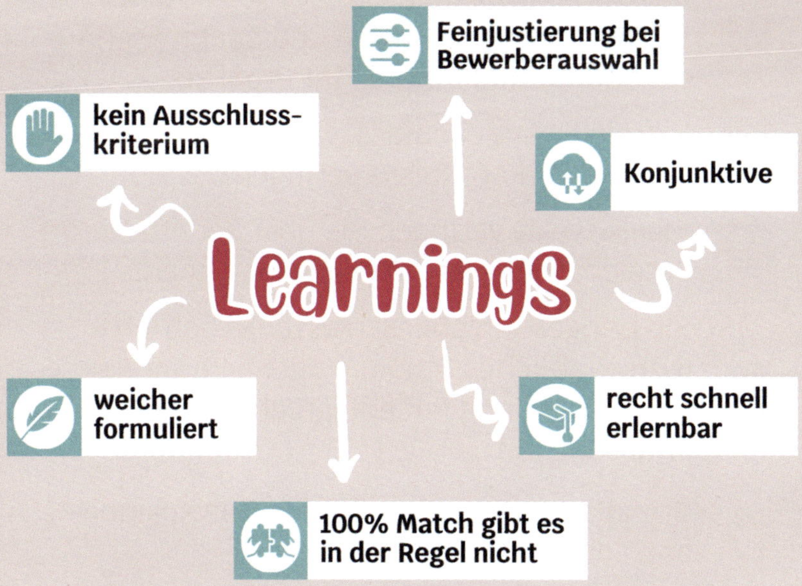

Abbildung 3-10: Learnings zu KANN-Anforderungen

Praxisbeispiele

- Zusätzlich würden wir uns über Grundkenntnisse in HTML freuen.
- Ausbaufähige Kenntnisse in der Materialwirtschaft wären von Vorteil.
- Wünschenswert sind zudem Kenntnisse in weiteren Fremdsprachen.
- Sie bringen idealerweise Erfahrung in Projektcontrolling & Cost-Break-Down mit.
- Buchhaltungsgrundlagen und Kenntnisse in der Bilanzierung nach IAS wären von Vorteil.
- Erste Erfahrungen in den Bereichen Unternehmenskommunikation und Suchmaschinenoptimierung runden Ihr Profil ab.
- Hilfreich wäre ebenfalls, wenn Sie bereits über HTML-Kenntnisse verfügen.
- Idealerweise verfügen Sie über Kenntnisse im Bereich des agilen Projektmanagements.
- Sie bringen ein abgeschlossenes betriebswirtschaftliches Studium oder eine vergleichbare Ausbildung mit entsprechender Berufserfahrung mit.
- Grundlagenwissen zur Produktentwicklung nach dem V-Modell ist ein Plus.

Abbildung 3-11: Praxisbeispiele für KANN-Anforderungen

Eines solltest du dir in jedem Fall merken. Wenn du die ausgeschriebene Stelle unbedingt haben willst, solltest du dich in jedem Fall darauf bewerben. Denn du weißt nie, welche Qualifikationen und Erfahrungen andere Bewerbende mitbringen. Mit einer erstklassigen Bewerbung, in der du aufzeigst, dass du verstanden hast, was es wirklich für den Job braucht, und dass du für den Job brennst, kannst du andere Bewerbende, die ebenfalls ein paar Anforderungen nicht erfüllen, im Bewerbungsprozess hinter dir lassen. Für deinen Traumjob lohnt sich der Bewerbungsaufwand immer. Lass dir aber auch andersherum gesagt sein, dass sich dieser ganze Aufwand nicht für dich lohnt, wenn du die ausgeschriebene Stelle nicht wirklich willst. Denn das spüren Personaler.

3.5 Versteckte Botschaften in Stellenanzeigen

Stellenanzeigen sind häufig von einer ganzen Menge typischer Floskeln und versteckter Botschaften übersät. Deshalb lohnt es sich hier besonders, etwas mehr Zeit in die Analyse von Stellenanzeigen zu investieren. Denn bestimmte Schlüsselbegriffe stehen nicht selten für eine ganze Packung an Herausforderungen in der ausgeschriebenen Rolle. Aber aufgepasst: Oft darf man diese Floskeln auch nicht überbewerten, weil sie vom Ersteller der Stellenanzeige teilweise ohne Bedacht weiterkopiert wurden. In Abbildung 3-12 findest du drei typische Beispiele für versteckte Botschaften in Stellenanzeigen. Du wirst beim Lesen schnell merken, dass du ihnen oft nicht zu viel Gewicht beimessen solltest.

Typische Beispiele

- **Belastbarkeit:** Bei dieser unscheinbaren Floskel sollten Bewerbende sehr vorsichtig sein. Hinter ihr verbergen sich häufig Überstunden und Arbeit bis an die Grenzen der Leistungsfähigkeit. Allerdings kann es sich hier auch um eine leere Floskel handeln, die in einer Stellenausschreibung ganz „nett“ klingt.

- **Eigenverantwortung:** Hier weiß niemand so recht, was deine Aufgaben sind und wie all die anstehenden Probleme zu lösen sind. Im Unternehmen hofft man, dass du der absolute Joker bist, der endlich den Durchblick in der Materie hat. Geht dabei etwas schief, bist natürlich du verantwortlich. Denn schließlich war es deine Angelegenheit und es lag allein in deiner Verantwortung. Dass es sich hierbei allerdings nur um eine Floskel handelt, bei der sich der Ersteller nicht viel gedacht hat, ist in den meisten Fällen sehr wahrscheinlich.

- **Kreativität:** Hierbei kann es sich um einen unterschwelligen Hinweis darauf handeln, dass in dem von dir angestrebten Job sehr viel Einfallsreichtum benötigt wird, um die anstehenden Probleme zu lösen, weil man ständig vor neuen Herausforderungen steht.

Abbildung 3-12: Beispiele für geheime Botschaften

Es bedarf wie beim Bewerbungenschreiben auch einiger Übung, um wirklich gute Stellenanzeigen erstellen zu können. Auch deshalb sind viele Stellenanzeigen sehr oberflächlich und nichtssagend. Suche also bitte nicht eine halbe Ewigkeit nach versteckten Botschaften oder versuche ein Haar in der Suppe zu finden, wo sehr wahrscheinlich gar keins ist. Dein Fokus sollte immer zuerst auf den MUSS- und den KANN-Anforderungen liegen. Wenn du diese wirklich bis ins Detail verstanden hast, darfst du dich auf Entdeckungsreise nach versteckten Botschaften machen.

Tipp!

> Wenn du das Gefühl hast, dass du in einer Stellenanzeige auf eine versteckte Botschaft gestoßen bist, dir aber diesbezüglich unsicher bist, schau einfach mal auf einer der zahlreichen Bewertungsplattformen für Arbeitgeber im Internet vorbei. Wenn wirklich etwas hinter dieser versteckten Botschaft stecken sollte, finden sich dort meist sehr schnell Indikatoren dafür. Aber auch hier solltest du immer auf dem Schirm haben, dass wir Menschen dazu neigen, viel häufiger zu meckern, als andere zu loben. Deshalb darf man nicht jedes Wort überbewerten, was man auf diesen Plattformen findet. Wiederholt sich ein bestimmtest Feedback allerdings immer wieder, steckt in der Regel zumindest ein Körnchen Wahrheit dahinter.

3.6 Das Wichtigste auf einen Blick

Hier findest du alle wichtigen Informationen zur Analyse von Stellenanzeigen (siehe Abbildung 3-13) auf einen Blick.

Vergiss nicht: Bevor du die Stellenanzeige nicht bis ins letzte Detail verstanden hast, solltest du niemals in die Erstellung deiner Bewerbungsunterlagen einsteigen. Das Wichtigste zuerst. Niemals – und zwar wirklich niemals – solltest du die Stellenanzeige nur überfliegen. Oft ist deine Bewerbung dann leider für die Tonne. Denn sehr wahrscheinlich hast du dann nicht verstanden, was das Unternehmen wirklich für die Stelle braucht.

AufgePasst!

Auch wenn es kein Teil der eigentlichen Analyse von Stellenanzeigen ist, solltest du es trotzdem bereits jetzt erledigen. Die Rede ist vom Gehaltscheck. Dazu kannst du im Internet auf gängigen Plattformen recherchieren, wie viel Gehalt für dich bei deinem Zielunternehmen in der von dir angestrebten Position drin ist. Solltest du nicht eins zu eins dieselbe Tätigkeit finden, kannst du dich auch am Gehalt eines ähnlichen Jobs im Unternehmen orientieren. Diesen Schritt solltest du nicht erst zu einem späteren Zeitpunkt erledigen. Denn wenn in der Firma dein anvisiertes Wunschgehalt nicht annähernd gezahlt wird, lohnt sich meistens eine Bewerbung nicht und du kannst dir die Arbeit dafür sparen.

Nachdem du die Stellenanzeige verstanden hast, geht es darum, die gewonnenen Erkenntnisse zu nutzen, um eine überzeugende Bewerbung zu erstellen. Dafür solltest du die wichtigsten Schlagworte aus der Stellenanzeige auch in deinen Unterlagen geschickt platzieren. Dadurch wirst du in deiner Bewerbung den richtigen Ton treffen und den Fokus auf die passenden Schwerpunkte in deinen Fähigkeiten und Erfahrungen legen können.

Abbildung 3-13: To-dos bei der Analyse von Stellenanzeigen

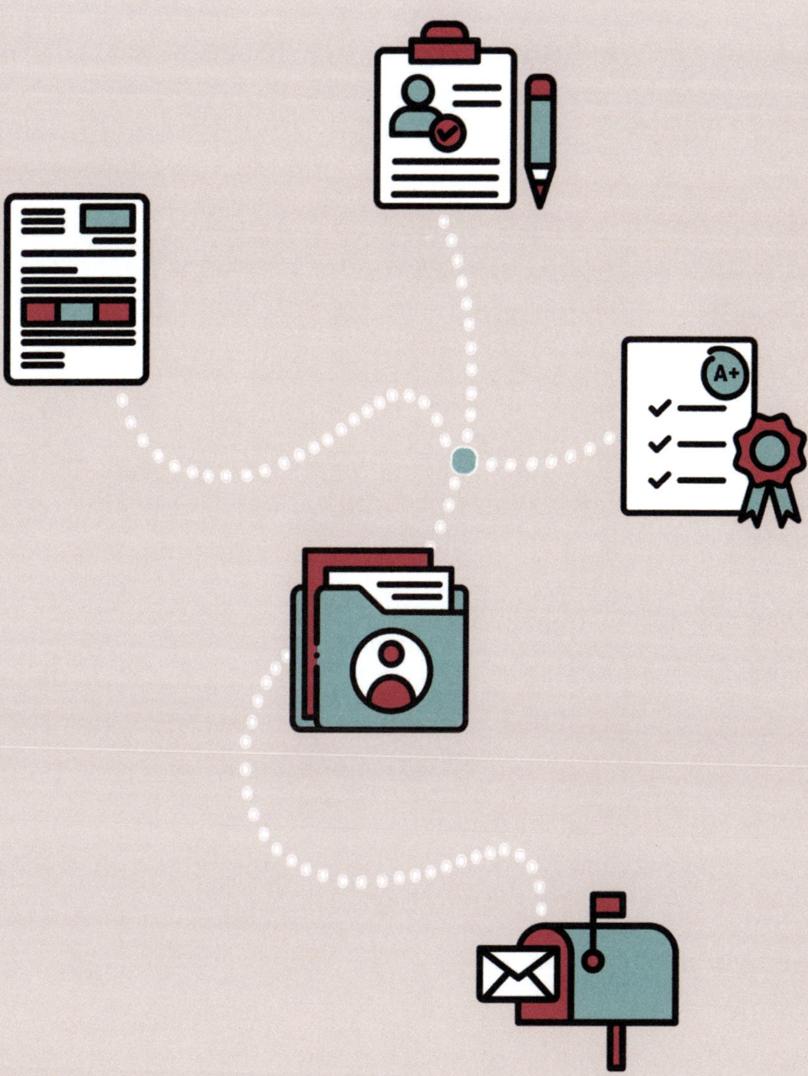

Bewerbung

Kapitel 4

4.1 Eine Bewerbungsmappe, die hervorsticht

Wenn es um das Thema Jobsuche und Bewerbung geht, kann dir der Begriff »Bewerbungsmappe« von Zeit zu Zeit über den Weg laufen. Gerade in Zeiten, wo die Bewerbung in schriftlicher Form weitestgehend ausgedient hat, erzeugt diese Begrifflichkeit bei Jobsuchenden jede Menge Fragezeichen im Kopf. Das ist aber gar nicht nötig. Denn »vollständige Bewerbung« und »Bewerbungsmappe« werden häufig als Synonym verwendet und meinen in der Realität genau das Gleiche. Was sich hinter diesem Begriff verbirgt und was tatsächlich in deine Bewerbungsmappe gehört, lernst du auf den folgenden Seiten.

Der Begriff »Bewerbungsmappe« stammt aus Zeiten, in denen Bewerbungen beinahe ausschließlich in schriftlicher Form beim potenziellen Arbeitgeber eingereicht wurden. Damit die gesamte Bewerbung einen ordentlichen Eindruck machte und nicht als eine chaotische lose Blattsammlung verschickt wurde, wurden sämtliche für die Bewerbung benötigte Unterlagen fein säuberlich in einer professionellen Mappe für die Bewerbung verstaut und mit ihr postalisch verschickt. Heutzutage ist diese Form der Bewerbung nur noch selten anzutreffen. Trotzdem kann es noch vorkommen, weshalb du auch hierzu auf den kommenden Seiten Informationen finden wirst. Eines haben auch heute noch alle Formen der Bewerbung gemeinsam: Die Kerninhalte der »Bewerbungsmappe«, egal ob in Papierform oder digital, haben sich nicht geändert. Unabhängig davon, um welchen Bestandteil deiner Bewerbungsmappe es sich handelt, eine Sache gilt für jeden von ihnen: Sie müssen professionell ausgearbeitet sein und wie aus einem Guss – zusammengehörig – erscheinen. Das heißt, du solltest in jedem Fall darauf achten, dass du eine einheitliche Gestaltungsweise und ein durchgängiges Design für jeden einzelnen Bestandteil deiner Unterlagen verwendest. Sonst wirkt das Gesamtbild nicht stimmig.

AufgePasst!

In einer deutschen Bewerbung gehören Lebenslauf und Anlagen zu den Pflichtbestandteilen, die sich somit in jeder Bewerbung wiederfinden müssen. Häufig gehört das Anschreiben zur Bewerbung auch dazu. Sehr selten wird auch ein separates Motivationsschreiben gefordert. Deckblatt und Referenzen sind optionale Bestandteile.

Für Bewerbungen bei jungen Start-ups gilt zwar grundlegend all das, was du hier in diesem Buch lernst. Allerdings darfst du dich dort gerne auch etwas kreativer austoben, was deine Inhalte angeht. Wenn nicht explizit ein Anschreiben gefordert ist, kannst du dort beispielsweise auch eine Liste deiner erzielten Erfolge anhängen oder deiner Ideen und Ziele für den neuen Job. Als zusätzliche Unterlagen zu den Standardinhalten kannst du diese beiden Dinge natürlich auch als Add-on für Bewerbungen bei anderen Unternehmen verwenden.

Abbildung 4-1: Bestandteile einer Bewerbungsmappe

4.2 Aufbau deiner Bewerbungsmappe

Im Internet kursieren viele verrückte Informationen dazu, was in eine Bewerbungsmappe gehört und wie sie aufgebaut sein sollte. Viele dieser Informationen sind ohne Bedacht einfach von der Bewerbung in Papierform eins zu eins auf alle anderen Bewerbungsformen übertragen worden. Damit macht man nicht zwangsläufig grundlegend etwas falsch. Trotzdem passt es viel besser, wenn man sich vorher Gedanken macht, wo der jeweilige Schwerpunkt der Bewerbungsform liegt.

Tipp!

Mach dir vor der Erstellung deiner Bewerbung zunächst immer Gedanken dazu, welche Inhalte in welcher Reihenfolge am besten für die vorliegende Bewerbungsform geeignet sind und wie du sie aufbereiten kannst, sodass die Kerninformationen innerhalb weniger Sekunden zu erfassen sind.

Lass uns zunächst einen Blick auf die Bewerbung in Papierform werfen. Hierbei war es üblich (und ist es heute teilweise auch noch, wenn eine Bewerbung in Papierform gefordert wird), dass sämtliche Unterlagen fein säuberlich in einer zum Teil sehr hochwertigen Mappe verschickt wurden. So viel wusstest du bereits. Dass bei einer Bewerbung in Papierform das Anschreiben außen lose auf der

Mappe aufliegt und nicht mit dem Rest der Bewerbungsunterlagen im Inneren der Mappe zusammengefasst ist, war dir aber vielleicht neu. Der Sinn dahinter ist, dass man den Adressaten freundlich anspricht und ihn nicht einfach unvermittelt mit einem Haufen an Informationen überflutet. Das Anschreiben bildet quasi die erste Ansprache und soll erklären, um was es geht und warum die Post beim Unternehmen im Briefkasten gelandet ist. Im Inneren der Mappe folgen dann ein Deckblatt, anschließend der Lebenslauf und zum Schluss sämtliche Anlagen zur Bewerbung.

Du kannst es dir wahrscheinlich schon denken: Bei einer Bewerbung in E-Mail-Form bereiten der Betreff der E-Mail und die E-Mail selbst darauf vor, warum man die Nachricht geschickt hat. Dann ist es nicht zwangsläufig nötig, dass man das Anschreiben als gesonderte Datei schickt oder sie in der Gesamtdatei ganz vorne vor dem Deckblatt einsortiert. Bei einer Bewerbung per E-Mail schreibst du eine kurze, freundliche Nachricht (siehe Abbildung 4-2) und nutzt einen eindeutig zuordenbaren Betreff. Deine Nachricht muss dabei nicht extrem kreativ und einfallsreich sein. Niemand erwartet an dieser Stelle ein literarisches Meisterwerk von dir. Und sie sollte auch auf keinen Fall einfach dein Anschreiben wiederholen. Das wird anschließend ja sowieso noch gelesen. Ein kurzer, informativer Text ist an dieser Stelle völlig ausreichend.

Außerdem sendest du im Anhang deine eigentlichen Bewerbungsunterlagen. Wenn deine Anlagen zur Bewerbung sehr viele Seiten (mehr als zehn) umfassen, kannst du deine Anhänge in einer separaten PDF-Datei mitschicken. Bei wenigen Seiten im Anhang sendest du einfach deine gesamten Unterlagen in einer Datei. Du beginnst mit dem Deckblatt, wenn du eines verwenden möchtest, und danach folgen das Anschreiben, der Lebenslauf und abschließend deine Anlagen.

E-Mail-Vorlage

Sehr geehrte Frau Personalerin,

im Anhang dieser Mail finden Sie meine Bewerbungsunterlagen für die Stellenausschreibung, in der Sie eine XYZ suchen. Sollten Sie noch Fragen haben oder weitere Informationen benötigen, stehe ich Ihnen gerne zur Verfügung.

Ich freue mich auf ein Kennenlernen und darauf, Sie in einem persönlichen Gespräch von meinen Fähigkeiten zu überzeugen.

Viele Grüße
Maria Muster

Abbildung 4-2: E-Mail-Vorlage für das Versenden der Bewerbungsmappe

Egal, um welche Bewerbungsform es sich handelt, die Inhalte und Schwerpunkte deiner Unterlagen unterscheiden sich dabei in der Regel nicht. Dein Lebenslauf sieht dementsprechend bei einer Bewerbung in Papierform nicht anders aus als bei einer E-Mail-Bewerbung oder bei einer Bewerbung über eine Online-Plattform. Bei Letzterem kommen allerdings ein paar Besonderheiten auf dich zu. Denn Unternehmen nutzen sehr viele unterschiedliche Ausführungen dieser Plattformen. Bei manchen mag man sogar meinen, dass die Unternehmen gar nicht wollen, dass sich wirklich jemand bei ihnen bewirbt. Das Bewerbungsverfahren ist bei ihnen maximal kompliziert gestaltet, sodass es Bewerbende schnell zur Verzweiflung treiben kann.

Eine dieser ganz speziellen Ausführungen sind Online-Plattformen, auf denen Bewerbende ihre Unterlagen (Anschreiben, Lebenslauf und Anlagen) hochladen sollen, anschließend aber nochmal eine komplexe Eingabemaske mit genau den Informationen befüllen sollen, die sowieso bereits im Lebenslauf und Anschreiben zu finden sind. Damit machen es sich Unternehmen besonders leicht, weil dann eine Vorselektion der Bewerbenden anhand der in der Maske eingetragenen Daten stattfindet, die in der Regel nicht von einem Menschen durchgeführt wird.

Für einen besseren Überblick zu den Unterschieden der einzelnen Bewerbungsformen findest du in Abbildung 4-3 die Besonderheiten und Aufteilung der Unterlagen in den jeweiligen Formen noch einmal grafisch dargestellt.

Abbildung 4-3: Reihenfolge der Unterlagen nach Bewerbungsform

4.3 Wenn ein Programm Bewerbungen liest

Viele Bewerbende haben Angst davor, dass ein fieser Algorithmus ihre Bewerbung aussortiert, bevor sie überhaupt jemals ein Personaler zu Gesicht bekommen hat. Ganz unbegründet ist diese Angst nicht. Denn es gibt tatsächlich Bewerbungssoftware, die für diesen Zweck eingesetzt wird. Dabei spricht man von sogenannten Applicant Tracking Systems (ATS).

Wenn die Bewerbung auf ein solches System trifft, sollten Bewerbende dringend ein paar grundlegende Dinge beachten. Denn sonst kann diese Software die Unterlagen nicht richtig lesen und kann deshalb nicht erkennen, ob derjenige für die ausgeschriebene Stelle geeignet ist oder nicht. Trotzdem solltest du jetzt nicht in Panik verfallen. Denn deutsche Unternehmen verwenden nur sehr selten solche Systeme. Selbst die größten Konzerne nehmen Abstand von solcher Software. Für die Verwaltung von Bewerbenden kommt solche Software durchaus zum Einsatz, aber nur sehr selten zum Lesen und Vorselektieren von Bewerbenden. Das hängt damit zusammen, dass man bisher noch nicht darauf vertraut, dass solche Systeme einen guten Job machen. Außerdem möchte man niemanden diskriminieren, weil das System möglicherweise noch nicht ausgereift genug ist. Ausländische Unternehmen, die einen Sitz in Deutschland haben, haben diesbezüglich allerdings seltener Bedenken. Hier kommt es häufiger vor, dass ATS zum Einsatz kommen.

AufgePasst!

Ein ATS kann nur optimal funktionieren, wenn es von den Nutzern (Personaler & Bewerbende) mit Daten »gefüttert« wird, die für die ausgeschriebene Stelle relevant sind. Personaler müssen also genau wissen, auf was es bei dem Job ankommt, und es passend benennen können. Und umgekehrt müssen dann die Unterlagen von Bewerbenden genau diese Fakten bedienen, damit das ATS erkennt, dass es sich um ein perfektes Match handelt. Dafür muss das ATS diese Unterlagen aber auch wirklich zusammenhängend lesen können. Deshalb scheiden die meisten modernen Bewerbungsdesigns, die aus vielen einzelnen Textfeldern bestehen, für diese Art der Bewerbung aus. Denn ATS können diese gar nicht fehlerfrei lesen.

Um als Bewerber auf der sicheren Seite zu sein, sollte man sich vor dem Erstellen seiner Unterlagen immer darüber versichern, ob beim Zielarbeitgeber ATS verwendet werden oder nicht. Denn dann kann man entsprechend reagieren. In Abbildung 4-4 findest du grundlegende Gestaltungshinweise zu deinen Bewerbungsunterlagen, die du in jedem Fall beachten solltest, wenn du eine Bewerbung für ein ATS erstellst. Aber vergiss eins nicht. Eigentlich erstellst du deine Bewerbung auch in diesem Fall nicht nur für ein Programm. Denn wenn das ATS herausgefunden hat, dass du für den Job in Frage kommst, werden deine Unterlagen trotzdem anschließend noch von Menschen gelesen.

Sie müssen somit unbedingt für Mensch UND Maschine ansprechend sein. Damit dir das gelingt, schauen wir uns jetzt die Gestaltungshinweise aus Abbildung 4-4 etwas genauer an.

Design: Ein ATS weiß eine super kreative Gestaltung nicht zu schätzen. Denn es kann in der Regel nur Texte lesen. Es geht sogar so weit, dass Designelemente dem ATS das Lesen erschweren können. Deshalb solltest du lieber auf ein schlichtes, klares Design setzen, das vom ATS gelesen werden kann und vom Personaler trotzdem als ansprechend empfunden wird.

Text: Ein ATS kann lose Textfetzen, die in verschiedenen Textfeldern untergebracht sind, nicht zusammenhängend lesen. Das bedeutet, dass wichtige Inhalte verloren gehen. Deshalb besser keine Textfelder nutzen und die gängigen Möglichkeiten der Textbearbeitung verwenden, die Textbearbeitungsprogramme heutzutage zu bieten haben.

Bilder & Grafiken: Genau wie Designelemente können auch Bilder und Grafiken nicht vom ATS gelesen werden. Deshalb am besten auf Bilder verzichten. Dein Bewerbungsfoto (als einziges Bild, das du natürlich bestenfalls trotzdem nutzt) bringst du allerdings vor bzw. über dem Rest deiner Informationen unter, damit es dem ATS das Lesen deines Textes nicht erschwert. Aufzählungszeichen darfst du natürlich auch verwenden.

Was beachten?

Design

schlichte, klare Gestaltung, die Mensch und Maschine gefällt

Text

Textbearbeitungsprogramm mit Fließtext verwenden → keine Textboxen!

Bilder & Grafiken

können von ATS nicht gelesen werden → lieber Worte nutzen

Struktur

Unterlagen klar in Abschnitte unterteilen und Überschriften nutzen

Schlüsselbegriffe

Schlagworte 1:1 so verwenden, wie sie in der Stellenanzeige genutzt wurden

Informationen

besser zu viele als zu wenige Details teilen, die das ATS auswerten kann

Abbildung 4-4: Gestaltungshinweise für ATS-Bewerbung

Struktur: Damit das ATS deine Informationen direkt den gestellten Anforderungen zuordnen kann, ist es wichtig, dass du eine klare, übersichtliche Struktur verwendest. Diese unterstützt du, indem du Abschnitte, Überschriften und Zwischenüberschriften nutzt.

Schlüsselbegriffe & Informationen: ATS können nur über vorher festgelegte Schlagworte und Schlüsselbegriffe »erkennen«, ob Bewerbende für die ausgeschriebene Stelle geeignet sind oder nicht. Deshalb ist es wichtig, dass du diese für deine Bewerbung eins zu eins (auch in der Schreibweise) aus der Stellenanzeige übernimmst und in deinen Unterlagen platzierst. Du sollst natürlich nicht lügen. Also nenne nur jene, die wirklich auf dich zutreffen.

Informationen: ATS funktionieren durch Informationen. Spare deshalb nicht an relevanten Informationen und Beschreibungen. Je mehr zur Ausschreibung passende Informationen das ATS von dir als Futter zur Analyse bekommt, umso wahrscheinlicher ist es, dass es dich als passenden Kandidaten einordnet.

In Abbildung 4-5 findest du beispielhaft die erste von zwei Seiten eines Lebenslaufs, der explizit für ATS erstellt wurde. Kein unnützer Schnickschnack. Nur Text und Textsymbole und ein paar unscheinbare Linien für eine klarere Struktur und Übersicht. Selbst der hellgraue Header hebt sich nur leicht vom Hintergrund ab, sodass er das ATS in seiner Arbeit nicht behindert. Überschriften sorgen für zusätzliche Übersichtlichkeit.

Praxisbeispiel

MARIE MUSTER

International Management & Psychology (M.Sc.)

ÜBER MICH

Empathisch, serviceorientiert & zielstrebig:
Als kommunikatives Organisationstalent mit Hands-on-Mentalität besitze ich mehr als 8 Jahre Berufserfahrung in den Bereichen Personal- und Organisationsentwicklung, Change-Management und Projektmanagement. Mit meinem Gespür für Innovationen, meiner stetigen Neugier und einer hohen Begeisterungsfähigkeit für neue HR-Trends und Verbesserungen erarbeite ich sowohl als Teamplayerin als auch selbstständig gerne neue Konzepte und setze diese eigenständig effizient und zielorientiert in die Praxis um.

SKILLS & EXPERTISE

- ✓ Systemisches Coaching
- ✓ Personalentwicklung
- ✓ Assessment-Center
- ✓ Arbeitsrecht
- ✓ Talent-Management
- ✓ Stakeholder-Management

PERSÖNLICHES & KONTAKTDATEN

Höltinghauser Straße 17c
12345 Musterburg

Marie.Muster@mail.com

geboren 28. Juli 1990
in 12345 Musterburg

+49 176 123 45 678

XING: @marie-muster6

LinkedIn: @mariemuster

BERUFSERFAHRUNG

➡ Arbeits- & Organisationspsychologin **seit 01/2016**
My Car GmbH | Musterburg

Personalentwicklung: Erarbeitung strategischer Konzepte im Bereich Talent-Management, Nachfolgeplanung und Führungskräfteentwicklung; Entwicklung und Umsetzung von Talent-Initiativen für Potenzialtragende, Analyse von Trainingsbedarfen und relevanten KPI, Coaching und Beratung von Führungskräften und Mitarbeitenden, Weiterentwicklung von mehr als 50 verschiedenen Trainingsangeboten für Programmingenieure

Digitalisierung: Planung und Steuerung von Digitalisierungsinitiativen; Organisation, inhaltliche Vorbereitung und Moderation von Netzwerktreffen (>200 Teilnehmer); Verantwortung für die Einführung von digitalen agilen Tools, Methoden und Austauschformaten; Teilnahme an den größten Vernetzungsveranstaltungen der Branche

Projektmanagement: Projektleitung für die Steuerung der (Re-)Zertifizierung im Bereich Vereinbarkeit von Beruf und Familie; Kommunikation mit externen Dienstleistern; Steuerung von Projektgruppen und Schnittstelle zu diversen Stakeholdern; Kosten- und Terminüberwachung

➡ Mitarbeiterin Personalwesen **01/2015 – 12/2015**
Beton- und Energietechnik GmbH & Co. KG | Musterhausen

Talent-Management: Erarbeitung eines Konzepts zur Nachfolgeplanung und zum Talent-Management, Begleitung und Weiterentwicklung von Talent-Initiativen

Personalentwicklung: Entwicklung und kontinuierliche Anpassung von Führungskräftetrainings, Analyse von Trainingsbedarfen und relevanten KPI

SEITE 1/2

Abbildung 4-5: Beispielseite 1 für einen ATS-Lebenslauf

4.4 Ideales Design für Bewerbungsmappen

Ein gutes Design rundet deine Bewerbungsunterlagen ab und kann die Eintrittskarte in deinen Traumjob sein. Wirkt deine Bewerbung langweilig und auf den ersten Blick nicht überzeugend, kann sie in der Masse der vielen anderen Bewerbungen schnell untergehen – selbst wenn der Inhalt von dir überzeugen würde. Nur bekommt ihn ja niemand zu lesen. Das heißt aber nicht, dass du mit einem richtig guten Design den Job sofort in der Tasche hast. Denn was ist schon eine hübsche Verpackung ohne überzeugenden Inhalt?! Deinen Traumjob wirst du dir nur ergattern können, wenn beide Punkte zusammenpassen und überzeugen. Andersherum solltest du auch nicht mit einem zu ausgefallenen Design übers Ziel hinausschießen und Personaler damit abschrecken. Doch was heißt das konkret?

Das Design deiner Unterlagen muss als Gesamtheit stimmig sein und zum Unternehmen und der von dir angepeilten Stelle passen. Denn auch mit einem genialen Design können deine Unterlagen durchfallen, wenn sie nicht zum Adressaten passen oder kein Mehrwert enthalten ist.

Du solltest bei der Wahl deines Designs immer darauf achten, dass das Design nicht im Fokus steht. Es sollte lediglich die wichtigen Inhalte deiner Unterlagen in den Fokus setzen und hervorheben. Das schaffst du beispielsweise dadurch, dass du zentrale Aussagen hervorhebst und die Informationen innerhalb eines Absatzes oder einer Sektion nach

Relevanz ordnest. Außerdem kannst du Designelemente in Gestalt einfacher geometrischer Formen (z. B. Rechtecke, Kreise, Dreiecke) dazu nutzen, um mehr Übersichtlichkeit und einen ansprechenden Look zu schaffen. Schattierungen verwendest du bitte nur wohldosiert und passend zum restlichen Design. Denn sie können deine Unterlagen sehr schnell überfrachten. Auch Trennlinien und Aufzählungssymbole können mehr Übersicht in deinen Unterlagen schaffen. Wenn du darauf achtest, dass dein Design genug Weißraum enthält, kannst du ebenfalls für eine Hervorhebung der wichtigsten Informationen sorgen. Farbverläufe hingegen solltest du in deinem Design vermeiden. Sie sorgen meist dafür, dass Unterlagen schlecht lesbar sind. Last but not least empfiehlt es sich, dass du immer genug Platz zu den Außenrändern lässt.

Tipp!

Wenn du dir unsicher darüber bist, welches Design für die Bewerbung für deinen Traumjob geeignet ist, schau einfach mal auf der Webseite des Unternehmens vorbei, bei dem du dich bewerben möchtest. Wird dort ein sehr schlichter, konservativer Stil verwendet, ist es ratsam, auf ein einfacheres Design zu setzen. Umgekehrt kannst du etwas mutiger bei der Wahl deines Designs sein, wenn das Unternehmen selbst auf eine moderne, kreative Gestaltung Wert legt.

Beispiel - Designs

Schlicht mit leichten Farbakzenten

→ Allrounder für die meisten Jobs

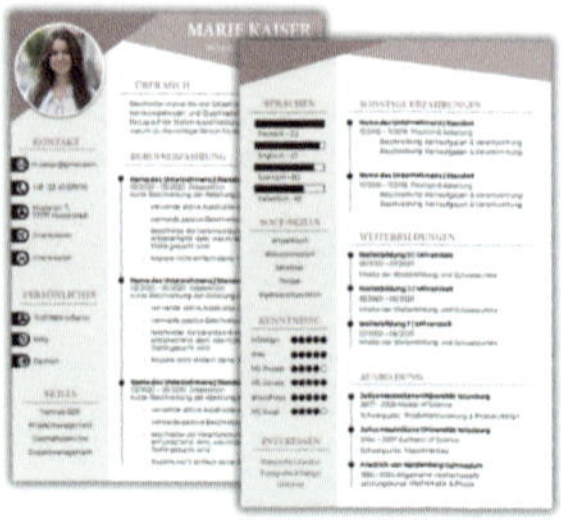

Farbig & etwas ausgefallener

→ für moderne Branchen & Berufe

Schlichtes Fließtextdesign

→ für ATS & eher konservative Branchen

Schwarz/Weiß/Grau & sehr schlicht

→ sehr konservative Branchen & Jobs

Abbildung 4-6: Beispiele für Bewerbungsmappen-Designs für verschiedene Jobs & Branchen

Alle genannten Tipps zum Design findest du in Abbildung 4-7 noch einmal zusammengefasst auf einen Blick. Du kannst sie zum Schluss als eine Art Checkliste für dein Design verwenden. In Abbildung 4-6 findest du außerdem ein paar Beispiele für Bewerbungsdesigns passend zu verschiedenen Jobs und Branchen. Vergiss aber nicht, dass dieses Thema sehr individuell ist und du zum Schluss immer schauen musst, dass dein Design zum Zielarbeitgeber passt.

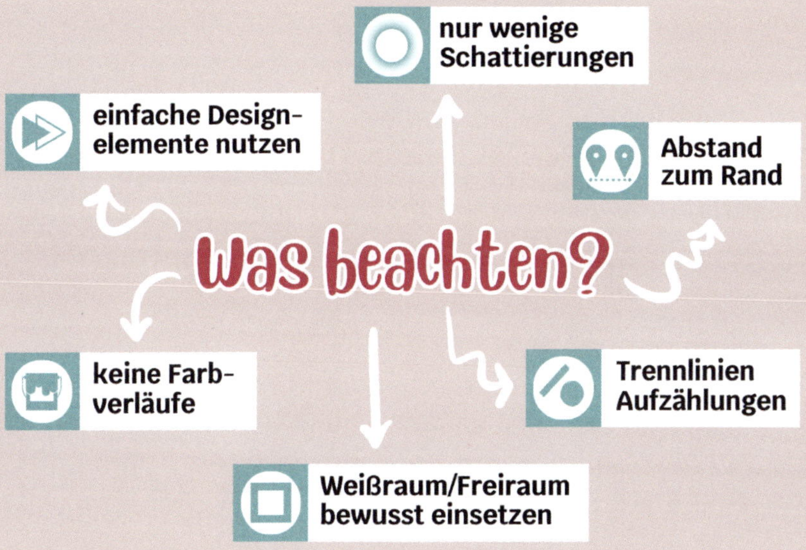

Abbildung 4-7: Tipps zur Design-Gestaltung auf einen Blick

Neben all diesen allgemeinen Tipps kommen hier noch ein paar Hinweise zur Verwendung von Farben und Schriftarten. Bestenfalls nutzt du in deinen Unterlagen nur Farben, die zur Branche und dem ausgeschriebenen Job passen. Auch hier kannst du viel falsch machen.

Denn mit einem knalligen Pink und Neongrün wirst du beispielsweise bei einer Bewerbung als Finanzberater bei einer Bank nur wenig Erfolg haben. Neben Schwarz, Grau und Weiß solltest du außerdem nicht mehr als zwei andere Farben verwenden. Sonst wirken deine Unterlagen schnell unübersichtlich und überladen.

Bei den verwendeten Schriftarten verhält es sich ähnlich. Auch hier solltest du nicht mehr als zwei verschiedene nutzen. Eine Signatur-Schriftart, die etwas ausgefallener (aber trotzdem gut lesbar) sein darf für Überschriften, und eine zweite, sehr einfache Schriftart für den Großteil deines verwendeten Textes. Abbildung 4-8 zeigt dir einmal sehr anschaulich, was bei der Verwendung von unseriösen Schriftarten alles schiefgehen kann und welche Standard-Schriftarten du am besten für deine Texte verwenden solltest.

Neben den von dir verwendeten Schriftarten gibt es noch ein paar Dinge, die du bei deinem Text beachten solltest. Dazu gehört unter anderem, dass dein Text in jedem Fall gut ohne Lupe lesbar sein muss. Deshalb sollte dein Text mindestens eine Schriftgröße von 10 Punkt haben. Dein Zeilenabstand sollte zwischen 1 und 1,5 liegen. Du nutzt für eine bessere Übersicht Absätze sowie Überschriften und Zwischenüberschriften. Außerdem haben deine Textbausteine dieselbe Ausrichtung – bestenfalls linksbündig oder Blocksatz, weil das für Deutsche aufgrund der für sie gewohnten Verwendung angenehm und leicht zu lesen ist.

Abbildung 4-8: Schlechte vs. gute Schriftarten für eine Bewerbung

Prägnante Beispiele dafür, welchen Einfluss die verwendeten Schriftarten und Farben auf die Wirkung von Unterlagen haben können, siehst du im Folgenden. Inhaltlich unterscheiden sich beide Darstellungen nicht. Aber durch die sehr ausgefallenen Farben und schwer leserlichen Schriftarten schreckt die eine von beiden Varianten Adressaten schnell ab, weil man aufgrund der unprofessionellen Darstellung auch auf unprofessionelle Inhalte schließt. Das kann fatale Folgen haben.

So bitte nicht!

LENA MEYER

Expertin Kommunikation

l.meyer@gmail.com   +49 123 45 678 90   Musterstraße 7
12345 Musterstadt

ÜBER MICH

Kommunikationsstark, kreativ & zielorientiert: Als Expertin der Unternehmenskommunikation bringe ich mehr als 10 Jahre Erfahrung in den Bereichen Social-Media-Management, Marketing und Pressearbeit mit.

AUSBILDUNG

Universität Würzburg
10/2008 - 01/2012
Literatur & Germanistik & Medienpraxis (M. A)

SPRACHEN

Deutsch - C2

Englisch - C1

Spanisch - B2

SKILLS

B2C-Marketing
Storytelling
Foto- und Videografie
Öffentlichkeitsarbeit

BERUFSERFAHRUNG

TIERPARK KÖLN GGMBH | KÖLN
seit 06/2016 Abteilungsleitung Zookommunikation
Bereich Presse- und Öffentlichkeitsarbeit

Marketing: Entwicklung von Image- und Crowdfunding-Kampagnen; Eventmanagement; Produktion von: Newslettern, Broschüren, Flyern und Werbeanzeigen; Betreuung des Website-Relaunchs und Pflege der Website; Mitentwicklung einer barrierefreien Smartphone-App

Social Media Management: Zielgruppen-Analyse; Konzepterstellung für jeweilige Plattformen; Redaktionsplanung und Contententwicklung; Performance Monitoring

TIERPARK KÖLN GGMBH | KÖLN
02/2012 - 05/2016 Pressesprecherin
Bereich Presse- und Öffentlichkeitsarbeit

Pressearbeit: Imagepflege, strategische Redaktionsplanung; Contententwicklung (Text, Bild, Video, Grafiken) und Bespielung der unternehmenseigenen Kommunikationskanäle; Zusammenarbeit mit Pressevertretern; Organisation und Durchführung von Presseterminen und -konferenzen

KENNTNISSE

InDesign
Photoshop
Premiere Pro
LinkedIn
asana
Instagram

WEITERBILDUNGEN

BUNDESAKADEMIE FÜR KULTURELLE BILDUNG
03/2017
Inklusive Presse- und Öffentlichkeitsarbeit

VHS BOCHUM
01/2014
InDesign für Ein- und Umsteiger

Abbildung 4-9: Schlechte Wahl von Farben und Schriftarten

Schaut besser aus

LENA MEYER

Expertin Kommunikation

l.meyer@gmail.com | +49 123 45 678 90 | Musterstraße 7
12345 Musterstadt

ÜBER MICH

Kommunikationsstark, kreativ & zielorientiert: Als Expertin der Unternehmenskommunikation bringe ich mehr als 10 Jahre Erfahrung in den Bereichen Social-Media-Management, Marketing und Pressearbeit mit.

AUSBILDUNG

Universität Würzburg
10/2008 - 01/2012
Literatur & Germanistik & Medienpraxis (M. A.)

SPRACHEN

Deutsch - C2

Englisch - C1

Spanisch - B2

SKILLS

B2C-Marketing
Storytelling
Foto- und Videografie
Öffentlichkeitsarbeit

BERUFSERFAHRUNG

Tierpark Köln gGmbH | Köln
seit 06/2016 Abteilungsleitung Zookommunikation
Bereich Presse- und Öffentlichkeitsarbeit

- **Marketing:** Entwicklung von Image- und Crowdfunding-Kampagnen; Eventmanagement; Produktion von: Newslettern, Broschüren, Flyern und Werbeanzeigen; Betreuung des Website-Relaunchs und Pflege der Website; Mitentwicklung einer barrierefreien Smartphone-App
- **Social Media Management:** Zielgruppen-Analyse; Konzepterstellung für jeweilige Plattformen; Redaktionsplanung und Contententwicklung; Performance Monitoring

Tierpark Köln gGmbH | Köln
02/2012 – 05/2016 Pressesprecherin
Bereich Presse- und Öffentlichkeitsarbeit

- **Pressearbeit:** Imagepflege, strategische Redaktionsplanung; Contententwicklung (Text, Bild, Video, Grafiken) und Bespielung der unternehmenseigenen Kommunikationskanäle; Zusammenarbeit mit Pressevertretern; Organisation und Durchführung von Presseterminen und -konferenzen

KENNTNISSE

InDesign	●●●●○	LinkedIn	●●●○○
Photoshop	●●●●●	asana	●●●●●
Premiere Pro	●●●●●	Instagram	●●●●○

WEITERBILDUNGEN

Bundesakademie für Kulturelle Bildung
03/2017
Inklusive Presse- und Öffentlichkeitsarbeit

VHS Bochum
01/2014
InDesign für Ein- und Umsteiger

Abbildung 4-10: Gute Wahl von Farben und Schriftarten

4.5 Bestandteile der Bewerbungsmappe

Lass uns jetzt einen genaueren Blick auf die einzelnen Bestandteile werfen, die du mit deiner Bewerbungsmappe verschicken solltest. Wichtig ist, dass du die Funktion jedes einzelnen von ihnen verstanden hast, um – passgenau zur Stellenanzeige – in ihnen aufzeigen zu können, dass du den Job kannst und genau die richtige Person für den Job bist.

Aufgepasst!

Auch wenn die Wahrscheinlichkeit dafür sehr hoch ist, dass sich Personaler zuerst deinen Lebenslauf anschauen, kannst du nie genau wissen, welcher Bestandteil deiner Bewerbungsmappe dann zuerst die Aufmerksamkeit des Personalers bekommt. Deshalb muss jede deiner Unterlagen unabhängig voneinander funktionieren und überzeugen. Denn stell dir vor, dass der Blick zuerst aufs Anschreiben fällt, du dir dabei aber keine Mühe gegeben hast, weil du nur genug Energie für einen erstklassigen Lebenslauf hattest. Das wäre sehr schade. Denn sehr wahrscheinlich wird der Personaler, nachdem er dein schlechtes Anschreiben gesehen hat, gar kein Interesse mehr an deinem Lebenslauf haben. »Unabhängig voneinander funktionieren« bedeutet außerdem, dass sich deine Informationen nicht unnötig doppeln sollten. Dein Anschreiben ist also nicht die Prosaform deines Lebenslaufs.

Bitte kein Einheitsanschreiben aus dem Internet

Wenn man Bewerbende fragt, gestehen die meisten von ihnen, dass ihnen das Erstellen eines richtig guten Anschreibens bei Weitem am schwersten fällt. Sie wollen, dass es witzig und klug klingt und transportiert, was sie können. Bestenfalls soll es ein literarisches Meisterwerk werden. Diese Ansprüche setzen Bewerbende unter Druck. Dabei ist das gar nicht nötig. Denn kein Personaler erwartet bei einem Anschreiben schriftstellerische Höchstleistungen. Personaler wollen nur erfahren, ob du den Aufgaben und Herausforderungen in der ausgeschriebenen Stelle gewachsen bist und ob du den Job auch wirklich haben willst – und natürlich auch, warum. Wie du das am besten machst, erfährst du in Kapitel 5.

Deckblatt verwenden – ja oder nein?

Eine Sache vorweg: Ein Deckblatt für deine Bewerbungsunterlagen wird nicht entscheidend sein, wenn es darum geht, ob du zum Vorstellungsgespräch eingeladen wirst oder nicht. Dafür sind andere Faktoren relevant. Trotzdem kann ein Deckblatt den Gesamteindruck deiner Unterlagen auf- oder auch abwerten – je nachdem, ob du es gut gemacht hast oder nicht. Letztendlich ist ein Deckblatt immer Geschmackssache. Wenn du nicht ausreichend Zeit dafür hast, ein wirklich gutes Deckblatt zu erstellen, solltest du dich lieber gegen die Verwendung eines Deckblatts entscheiden. Es wird keinen großen Einfluss auf deinen Erfolg haben. Aber was unterscheidet ein gutes von einem schlechten Deckblatt? Schlecht bzw. ohne großen Nutzen ist ein Deckblatt dann, wenn es keinerlei relevante Informationen enthält, die für den Leser interessant sein könnten. Dieses typische Deckblatt, das von Bewerbenden häufig genutzt wird, in dem nur ein riesiges Bild von ihnen und ihr Name enthalten sind, bietet somit keinerlei Mehrwert. Besser machst du es, wenn du weitere Informationen geschickt darauf platzierst, wie zum Beispiel deine Kontaktdaten, der Job, auf den du dich bewerben möchtest, oder auch ein paar für den Job relevante Schlagworte zu deiner Person. Hier sind deinem Einfallsreichtum keine Grenzen gesetzt. Auch von dir erzielte Erfolge bieten sich an. In Abbildung 4-11 findest du ein Beispiel für ein schlechtes Deckblatt und eines für ein gutes.

Abbildung 4-11: Beispiele für die Gestaltung eines Deckblatts

Der Lebenslauf – Das Herzstück der Bewerbung

Der Großteil der Personaler wirft zuerst einen kurzen Blick auf den Lebenslauf, bevor er sich den Rest der Bewerbungsunterlagen ansieht. Das bedeutet, wenn dein Lebenslauf nicht davon überzeugt, dass du den Job kannst, wird er sofort mit dem ungelesenen Rest deiner Bewerbungsunterlagen auf dem Aussortiert-Stapel landen. Weil dieser Bestandteil sehr wichtig ist, ist ihm in diesem Buch ein eigenes Kapitel gewidmet. Alle wichtigen Details zur Erstellung und den wichtigsten Inhalten des Lebenslaufs findest du dort. Hier warten trotzdem noch ein paar allgemeine Informationen auf dich.

Tipp!

Auch wenn es keine klaren Richtwerte für eine Seitenanzahl eines Lebenslaufs gibt, kannst du dich an folgender Faustregel orientieren:

- Berufseinsteiger 1 bis 2 Seiten
- bis zu 10 Jahre Berufserfahrung 2 Seiten
- bis zu 20 Jahre Berufserfahrung 3 Seiten usw.

Für je 10 Jahre, die du in deinem Berufsleben gesammelt hast, kannst du deinem Lebenslauf ruhig eine Seite mehr spendieren. Du hast schließlich einiges von dir zu berichten.

Es hält sich stark das Gerücht, dass ein guter Lebenslauf nicht mehr als eine Seite haben darf. Lass dir gesagt sein, dass das vollkommener Blödsinn ist. Denn für die Länge eines Lebenslaufs gibt es keine strikte Vorgabe, die in jedem Fall richtig ist. Du liest es vielleicht schon heraus. Die Länge des Lebenslaufs hängt von zwei Dingen ab. Zum einen davon, was gefordert ist, falls etwas gefordert ist. Und zum anderen, was du Relevantes für die ausgeschriebene Stelle von dir zu erzählen hast. Du kannst dir vorstellen, dass jemand mit 20 Jahren Berufserfahrung in der Regel deutlich mehr von sich zu berichten hat als jemand, der gerade erst ins Berufsleben einsteigt.

Fokusbereiche

Qualifikationen
Zum Job passende Abschlüsse, Fort- & Weiterbildungen aufzeigen

Erfahrungen
Für die Stelle relevante praktische Erfahrungen (in Job, Ehrenamt etc.) und Erfolge aufzeigen

Anforderungen
Die für die Stelle relevanten Soft & Hard Skills in jeder beschreibenden Sektion des CV einstreuen

Abbildung 4-12: Bereiche, auf die der Lebenslauf ausgerichtet sein sollte

Dein Lebenslauf ist ein auf die ausgeschriebene Stelle passgenau abgestimmter Blick in deine Vergangenheit, in dem du deine Erfahrungen, Qualifikationen und Fähigkeiten detailliert aufzeigst. Du hast hier nicht viel Platz, um lange um den heißen Brei herumzureden. Deshalb ist es sehr wichtig, dass du nach der Analyse der Stellenanzeige genau festlegst, worauf in deinen Unterlagen der Fokus liegen soll. Hierzu legst du dir vor der Erstellung deines Lebenslaufs am besten eine kleine Liste an, die die benötigten Qualifikationen, Erfahrungen und Kernanforderungen (siehe Abbildung 4-12) an die ausgeschriebene Stelle enthält. Mit ihnen setzt du deine eigenen Informationen so auf, dass sie genau auf diese Punkte von deiner Liste detailliert und passgenau eingehen.

i-Tüpfelchen – Professionell aufbereitete Anlagen

Da es sich bei den Anlagen zur Bewerbung um ein Kernelement deiner Bewerbungsmappe handelt, findest du hierzu ebenfalls ein eigenes Kapitel im Buch. Lass dir vorab allerdings gesagt sein, dass die meisten Bewerbenden diesen Teil ihrer Bewerbung vernachlässigen und in einem sehr unprofessionellen Zustand einreichen. Damit kann der Gesamteindruck einer ansonsten exzellenten Bewerbungsmappe schnell nach unten gezogen werden. Also mach bitte nicht auf den letzten Metern der Erstellung deiner Bewerbung schlapp. In der Realität ist der zusätzliche Aufwand für einen professionellen Eindruck deiner Anlagen nur minimal größer – die erzielte Wirkung ist allerdings immens.

Anschreiben

Kapitel 5

5.1 Ein Anschreiben, das Spaß macht

Sind wir mal ehrlich: Niemand mag Anschreiben. Bewerbende verfassen nicht gern Anschreiben. Personaler lesen nicht gern Anschreiben. Es ist ein Überbleibsel aus alten Zeiten, das langsam zu bröckeln beginnt. Denn in Zeiten des Fachkräftemangels ist es im Sinne der Unternehmen, die Bewerbungshürden für potenzielle Kandidaten möglichst gering zu halten. Deshalb verzichten heute schon einige Unternehmen ganz auf diese Unterlage. Dieser Trend wird sich wohl auch in Zukunft fortsetzen. In ein paar Jahren wird man wahrscheinlich gänzlich auf ein Anschreiben verzichten. Aber bis dahin machen wir das Beste daraus und versuchen, auch ein wenig Spaß in die Sache zu bringen.

Spaß für Bewerbende beim Erstellen und Spaß für Personaler beim Lesen. Am einfachsten schaffst du das, indem du dich nicht unnötig verkünstelst und dich aufs Wesentliche konzentrierst. Zeige kompakt auf, was du für den Job mitbringst, was du darin bewegen willst und warum du gerne für das Unternehmen arbeiten möchtest. Und denke daran, dass in deinem Anschreiben im Gegensatz zum Lebenslauf der Fokus vor allem auf die Zukunft gerichtet ist. Zeige auf, was du bewegen möchtest und dir für dich im beruflichen Kontext für deine Zukunft wünschst.

Ein Anschreiben soll neugierig auf dich machen. Also übertreib es hier nicht. Es sollte immer auf eine Seite passen und nicht einem halben Roman entsprechen.

Tipp!

Personaler haben nicht die Zeit, jedes einzelne Anschreiben bis ins kleinste Detail zu analysieren. Deshalb scannen/überfliegen sie jedes Anschreiben zunächst einmal nur. Deine Aufgabe ist es, dafür zu sorgen, dass bei diesem Scanvorgang bereits alle wichtigen Informationen vom Personaler erfasst werden können, sodass er Lust darauf bekommt, das Anschreiben anschließend doch noch zu lesen. Das erreichst du durch eine ausgeklügelte optische Hervorhebung der relevanten Informationen. Du merkst schon, hier kommt es auf Optik UND Inhalt an.

In Abbildung 5-1 siehst du ein paar typische Fehler, die Bewerbenden bei ihrem Anschreiben immer wieder unterlaufen – und natürlich auch, wie du es besser machst. Der schlimmste und gleichzeitig häufigste Fehler liegt darin, dass einfach immer dasselbe Anschreiben für alle Bewerbungen verwendet wird. Du wirst niemals ein Anschreiben erstellen können, das zu jedem Job und jedem Unternehmen passt. Im Worst-Case-Fall wurde sogar vergessen, die Adresse des Unternehmens und den Namen des Ansprechpartners auszutauschen. Das erweckt natürlich sofort den Eindruck, dass derjenige gar keine Lust auf den Job hat. Einfach nur schwafeln und nichts mit Mehrwert fürs Unternehmen zu schreiben, ist ebenfalls sehr typisch. Aber auch die anderen hier aufgelisteten Fehler solltest du in jedem

Fall vermeiden. Denn sie sorgen dafür, dass du definitiv nicht von dir überzeugen können wirst.

Statt so …	besser so …
schwafeln und nicht zum Punkt kommen	konkret den eigenen Wert aufzeigen
einfach alles aufzählen, was einfällt	Informationen passend zur Stellenanzeige
für alle Bewerbungen dieselbe Ausführung	jedes Anschreiben individuell erstellen
2 bis 3 Seiten mit Fließtext befüllen	dein Anschreiben passt auf eine Seite
Fokus auf die Vergangenheit legen	zeige, was du künftig erreichen willst
mit jeder Menge Fehlern einsenden	von jemandem Korrektur lesen lassen

Abbildung 5-1: Typische Fehler im Anschreiben

5.2 Der ideale Aufbau für dein Anschreiben

Beim Aufbau eines Anschreibens gibt es natürlich keine starren Vorgaben. Aber der in diesem Abschnitt vorgeschlagene Aufbau hat sich als deutlich erfolgreicher erwiesen als die meisten anderen.

Struktur des Anschreibens:

I. Einleitung → Wer bist du?
II. Hauptteil 1 → Was kannst du?
III. Hauptteil 2 → Was willst du?
IV. Schluss → Wie geht‘s weiter?

Zur Funktion der einzelnen Bestandteile wirst du gleich mehr erfahren. Doch zunächst sei noch einmal daran erinnert, es dir nicht unnötig kompliziert zu machen. Das sorgt bei dir für zusätzlichen Aufwand, der keinen signifikanten Nutzen stiftet. Denn je komplizierter dein Anschreiben aufgebaut ist, desto schwieriger lässt es sich vom Leser nachvollziehen.

AufgePasst!

Unabhängig von den hier genannten Bestandteilen muss dein Anschreiben auch immer einen eindeutigen Betreff enthalten, der sich oberhalb deines eigentlichen Textes befindet. Der Betreff sollte in jedem Fall einer Stellenausschreibung eindeutig zuordenbar sein, damit der Personaler nicht rätseln muss. (Beispiel: Bewerbung als EXAKTER JOBTITEL)

In Abbildung 5-3 kannst du den hier vorgeschlagenen Aufbau direkt an einem Beispiel nachvollziehen. Und jetzt lass uns die einzelnen Bestandteile des Anschreibens mal etwas genauer unter die Lupe nehmen.

Einleitung: Die Einleitung darfst du immer als deinen Elevator Pitch für genau die ausgeschriebene Stelle, auf die du dich bewerben möchtest, betrachten. In zwei bis drei Sätzen stellst du dich kurz und knackig vor und zeigst dabei auf, was du für den Job mitbringst. Denk daran: Es geht hier nicht darum, einen Schreibwettbewerb zu gewinnen. Das einzige Ziel deiner Einleitung ist es, die Aufmerksamkeit des Personalers zu gewinnen. Das funktioniert am besten, wenn du darlegst, dass du genau die richtige Person für den Job bist. Also verzichte bitte auf Zitate oder sonstige Schnörkel als Einstieg in dein Anschreiben. Denn sie bieten dem Leser keinen Mehrwert und haben keinerlei Aussagekraft. Du beantwortest in der Einleitung nur die Frage »Wer bist du?«.

Abbildung 5-2: Inhalte der Einleitung eines Anschreibens

Smarter Aufbau

ANNA FORSTER
Wirtschaftsingenieurin

I-Therm Solution GmbH
Frau Sabine Meister
Bergstraße 8
12345 Heiligenstadt

Heiligenstadt, den 18.02.2024

Bewerbung als Senior Product Managerin Thermal-Modules

I

Sehr geehrte Frau Meister,

als kommunikatives Organisationstalent mit Hands-on-Mentalität besitze ich mehr als 10 Jahre Erfahrung im Produkt- und Projektmanagement. Mit meinem Gespür für Innovationen und Markttrends überzeuge ich Kunden sowie Kollegen gleichermaßen von meinen Ideen.

II

Produktmanagement: Während meiner derzeitigen Tätigkeit als Produktmanagerin im Bereich Thermalmanagement konnte ich in über 15 anspruchsvollen Automotive-Projekten bereits fundierte Erfahrungen im technischen Produktmanagement und in der Produktentwicklung sammeln. Projektmanagement nach dem V-Modell ist dabei zu meinem Steckenpferd geworden.

Businesspläne: Als Leiterin verschiedenster Projekte im Bereich Produktentwicklung von Standardkomponenten hatte ich weiterhin die Möglichkeit, Einblicke in die verschiedenen Stationen des Produktentstehungsprozesses zu erlangen und konnte mich von der Erstellung von Businessmodellen und Produktstrategien bis hin zur Serienfertigung und Anwendung beim Kunden gewinnbringend einsetzen. Versierte Marktrecherchen und Branchenkenntnisse bildeten dabei die Grundlage meiner Strategiearbeit.

III

Warum I-Therm? Die in Ihrer Stellenanzeige gebotene Balance zwischen wissenschaftlicher und praxisbezogener Arbeit spricht mich besonders an. Zusätzlich schätze ich die Möglichkeit, an landesweiten Arbeitsgruppen teilzunehmen und die gewonnenen Erkenntnisse national und international auszutauschen.

IV

Sie suchen eine engagierte, versierte Mitarbeiterin, mit analytischem Sachverstand, die stets neuen, unbekannten Themen aufgeschlossen gegenübersteht? Ich freue mich sehr darauf, bald von Ihnen zu hören und Sie in einem persönlichen Gespräch von meinen Fähigkeiten zu überzeugen. Entsprechend meiner Qualifikation und beruflichen Erfahrung empfinde ich ein Jahres-Bruttogehalt zwischen 75.000 € und 80.000 € als angemessen. Meine vertragliche Kündigungsfrist beträgt 3 Monate zum Quartalsende.

Freundliche Grüße

Anna Forster

Anna Forster

aforster@mail.com · +49 123 45 678 90 · Musterstr. 7, 12345 Musterstadt

Abbildung 5-3: Hauptbestandteile eines idealen Anschreibens

Zur Beantwortung dieser Frage verwendest du Komponenten (siehe Abbildung 5-2) wie deine Qualifikation, deine relevante Berufserfahrung und deine besonderen Stärken für die ausgeschriebene Stelle.

Hauptteil 1: Deine bisherigen für den Job relevanten Erfahrungen beschreibst du in diesem Abschnitt detailliert anhand von Beispielen. Was kannst du? Suche dir zwei bis drei für die ausgeschriebene Stelle benötigte Anforderungen heraus und lege an konkreten Beispielen dar, wie du in deinem bisherigen Berufsleben genau diese Anforderungen erfüllen konntest. Dadurch zeigst du nachvollziehbar auf, dass auch in deinem künftigen Job damit zu rechnen ist, dass du das bisher Gelernte wieder abrufen und anwenden kannst. Bestenfalls wirfst du dafür einen Blick auf Projekte, in du involviert warst und wie du zum erfolgreichen Gelingen des Projektes beigetragen hast. Wichtig ist dabei, dass du mit deiner Brille gleichzeitig auf deinen künftigen Job schaust und deutlich machst, wie du in dieser Tätigkeit mit deinen Erfahrungen und Skills glänzen kannst.

Hauptteil 2: Unternehmen wünschen sich Angestellte, die für ihren Job und das Unternehmen brennen - nicht solche, die nur ihre Zeit absitzen, um am Ende des Monats ein Gehalt zu bekommen. Dein künftiger Arbeitgeber interessiert sich somit sehr dafür, warum du dich gerade bei ihm bewirbst und nicht woanders. In Abbildung 5-4 findest du ein paar typische Gründe, warum ein potenzieller Arbeitgeber für dich interessant sein kann. Natürlich ist dieser Punkt sehr individuell und auch von Unternehmen zu Unternehmen unterschiedlich.

Du solltest wirklich Lust auf den Job haben. Also zeig deine Motivation für das Unternehmen und den von dir angestrebten Job auf. Bist du schon immer ein riesiger Fan der Produkte oder Dienstleistungen, die das Unternehmen anbietet? Oder begeisterst du dich für das erstklassige Weiterbildungsprogramm des Arbeitgebers? Kannst du dich mit der Mission und den Werten des Unternehmens identifizieren? Oder interessierst du dich stark für die Möglichkeit, künftig auch mal an einem ausländischen Standort des Unternehmens eingesetzt werden zu können? Dich faszinieren die dort angewandten Arbeitsmethoden. Oder, oder …

Abbildung 5-4: Beispiele für persönliche Motivation für den Job

Schluss: In den letzten Abschnitt deines Anschreibens gehören Angaben wie dein möglicher Eintrittstermin beim Unternehmen, deine Gehaltsvorstellungen und eine souveräne Verabschiedung. Außerdem kannst du auch zusammenfassend noch einmal deine Kernkompetenzen nennen. Achte darauf, auch hier auf Konjunktive zu verzichten. Ein »Ich würde mich freuen …« hat in deinem überzeugenden Anschreiben nichts verloren. Damit wirkst du weniger selbstsicher und wie ein Bittsteller.

5.3 Einleitung – Wer bist du?

Personaler innerhalb von wenigen Sekunden fesseln und ihnen Lust darauf machen, mehr von dir zu erfahren. Das ist die Aufgabe deiner Einleitung. Gerade deshalb solltest du nicht den Fehler machen, hier zu schwafeln oder eine Standardfloskel zu verwenden, die du im Internet gefunden hast. Ein »Hiermit bewerbe ich mich um …« ist also definitiv ein Tabu für dich. Einige weitere Beispiele für diese No-Gos als Einstieg in dein Anschreiben findest du in Abbildung 5-5. Auch wenn viele Stellenanzeigen heutzutage noch nicht optimal von Unternehmen ausgearbeitet wurden, um am Ende tatsächlich den Wunschkandidaten für den ausgeschriebenen Job zu finden, solltest du bestmöglich mit dem arbeiten, was dir zur Verfügung steht. Denn in der Tätigkeitsbeschreibung und in den vorgegebenen Anforderungen für die Stelle findest du bereits die Basis für die Einleitung deines Anschreibens. Mach‘s dir nicht schwer und arbeite geschickt mit dem, was da ist.

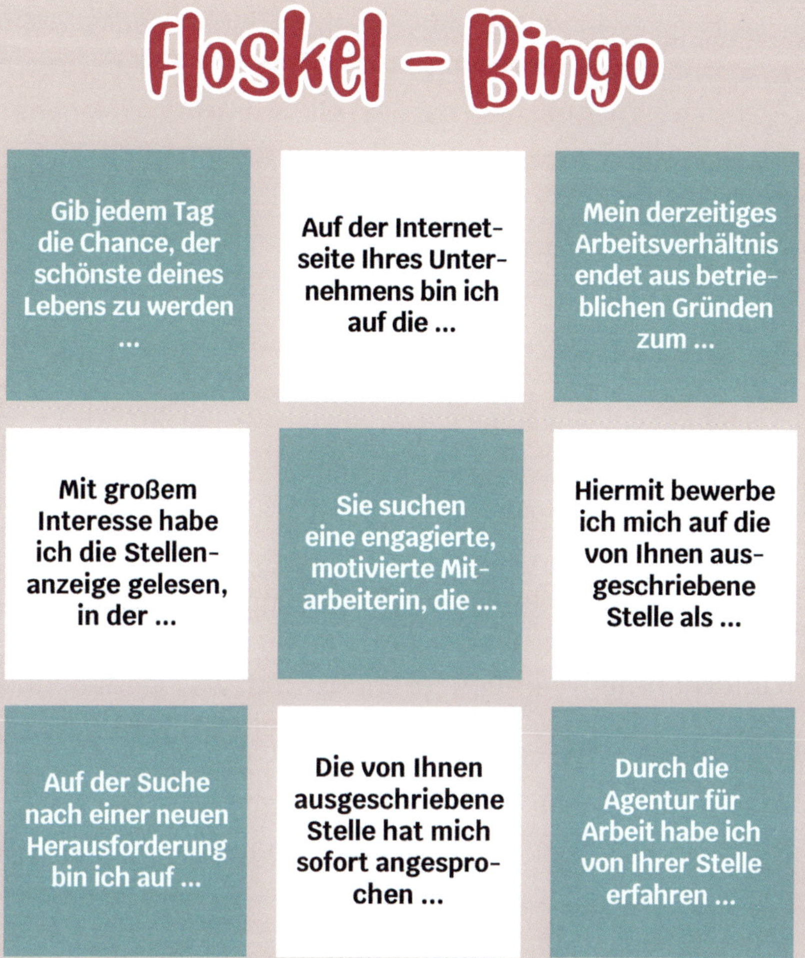

Abbildung 5-5: Negativbeispiele für Einleitungssätze

In maximal drei Sätzen von dir und deinen Fähigkeiten überzeugen. Kurz und knackig aufzeigen, dass du mitbringst, was das Unternehmen für die ausgeschriebene Stelle braucht. Das kann durchaus herausfordernd sein. Denn du weißt ja: »Es gibt keine zweite Chance für einen ersten Eindruck.« Genau aus diesem Grund solltest du bei dem Einleitungsteil deines Anschreibens keine komplizierten Experimente wagen. Du sollst hier keinen Schreibwettbewerb gewinnen. Es geht somit keinesfalls darum, ein literarisches Meisterwerk zu verfassen. Viel wichtiger ist, dass du zeigst, dass du verstanden hast, was es für den Job braucht, und dass du genau das mitbringst.

Tipp!

Analysiere die Stellenanzeige deines Zieljobs auf die zwei bis drei größten Kernbedarfe des Unternehmens und erstelle deine Einleitung passgenau zu diesen Bedarfen. Frage dich dabei immer, was das Unternehmen wirklich braucht und was genau du davon mitbringst. Neben erforderlichen Qualifikationen können das auch einschlägige Berufserfahrung sowie spezifische Hard und Soft Skills sein. Weiteres dazu findest du in der folgenden Abbildung.

Verschwende die Aufmerksamkeit des Personalers also keinesfalls für unwichtige Details oder Inhalte, die gar nichts mit dem von dir angestrebten Job zu tun haben. Denn wenn du das tust, hast du deine Aufmerksamkeit auch sehr schnell wieder verloren, und du bekommst gar nicht erst die Chance dazu, mit dem Rest deines Anschreibens zu überzeugen. Verzichte deshalb bestenfalls auch auf nichtssagende Füllwörter, die nur wertvollen Platz verschwenden. Schaffe außerdem immer einen möglichst aktuellen Bezug. Projekte und Weiterbildungen, die du in einem Job vor 20 Jahren gemacht hast, interessieren heute niemanden mehr und verlieren an Relevanz.

Abbildung 5-6: Basisinhalte des Einleitungsteils vom Anschreiben

Wie das Ganze jetzt in der Praxis aussehen kann, lernst du anhand der folgenden drei Beispiele in Abbildung 5-7. Vergiss dabei nicht, dass deine Einleitung für jede Bewerbung neu erstellt werden muss, weil sich die Anforderungen an eine Stelle immer von Unternehmen zu Unternehmen unterscheiden werden. So kannst du den richtigen Ton für die jeweilige Bewerbung treffen.

3 Praxisbeispiele

Sabrina, 37, Literatur- und Sprachwissenschaften (M. A.)
PR-Referentin & Texterin an privater Hochschule

... als sprachgewandtes Kommunikationstalent besitze ich mehr als 10 Jahre Erfahrung in der Pressearbeit und den Bereichen Social Media und Marketing. Mit Kreativität, einem Gespür für Trends und einer zielgruppengerechten Ansprache überzeuge ich die jeweiligen Adressaten und sorge für eine hochwertige sowie positive Außendarstellung.

Maria, 31, International Management & Psychology (M. Sc.)
Organisationsentwicklerin in der Automobilindustrie

... als kommunikatives Organisationstalent mit Hands-on-Mentalität besitze ich mehr als 5 Jahre Berufserfahrung in den Bereichen Personal- und Organisationsentwicklung, Change-Management und Projektmanagement. Mit meinem Gespür für Innovationen, meiner stetigen Neugier und einer hohen Begeisterungsfähigkeit für neue HR-Trends und Verbesserungen erarbeite ich sowohl als Teamplayerin als auch selbstständig gerne neue Konzepte und setze diese eigenständig effizient und zielorientiert in die Praxis um.

Stefan, 29, Linguistik und Informationstechnik (M. Sc.)
Projektmanager in IT-Unternehmen

... als kommunikativer, gut strukturierter Projektmanager mit mehr als 5 Jahren agiler Projekterfahrung im IT-Umfeld bringe ich im Team gerne innovative Ideen voran. Mit meinem Gespür für die Interessen verschiedener Stakeholder gewährleiste ich jederzeit auch in anspruchsvollen Projektphasen einen reibungslosen Projektfortschritt und behalte sowohl Kosten als auch Produktqualität im Blick.

Abbildung 5-7: Praxisbeispiele für die Einleitung des Anschreibens

5.4 Hauptteil 1 – Warum ausgerechnet du?

Nun schauen wir uns einmal gemeinsam an, warum genau du die richtige Person für den von dir ausgewählten Job bist. Wie bereits erwähnt, solltest du in deinem Anschreiben mit Beispielen arbeiten, um greifbarer aufzuzeigen, dass du die gestellten Anforderungen an den Job erfüllst und versiert bewältigen kannst. Dabei gibt es einige Details, die deine gewählten Beispiele unbedingt enthalten sollten. In Abbildung 5-8 kannst du dir einen Überblick über diese Details verschaffen.

Abbildung 5-8: Basisinhalte Hauptteil 1 im Anschreiben

Dein bestes Aushängeschild für deine Arbeit sind deine bisher erzielten beruflichen Erfolge. Aber keine Sorge! Der Begriff »Erfolge« klingt für die meisten Bewerbenden sehr schnell einschüchternd. Dabei muss das gar nicht sein. Denn es geht nicht darum, dass du irgendwelche Wettbewerbe gewonnen oder zwangsläufig einen großen Kunden an Land gezogen haben musst.

Wenn du als Teil eines Teams in der erfolgreichen Umsetzung deiner Rolle dazu beigetragen hast, dass ein Projekt zur Zufriedenheit abgeschlossen werden konnte, ist das auch ein Erfolg, den du durch deine Leistung erzielen konntest. Bei der Beschreibung deiner Erfolge solltest du immer darauf achten, sie mit Zahlen, Daten und Fakten zu belegen. Schreibe also nicht »Ausbau des umfangreichen Produktspektrums«. Diese Information ist zu oberflächlich. Schreibe lieber: »Weiterentwicklung und Ausbau des Produktspektrums im Bereich Elektronik von ursprünglich 200 auf 350 verkaufsfähige Endartikel«. So können sich Leser ein besseres Bild machen.

Tipp!

Um dir die Erarbeitung deiner Erfolge zu erleichtern, darfst du gerne einmal einen Blick auf die Dinge werfen, die dir in deinen bisherigen Tätigkeiten leicht von der Hand gegangen sind. Meist sind genau das deine Stärken, mit denen du zur Realisierung von Erfolgen beiträgst.

Natürlich ist auch deine fachliche Expertise für den von dir angestrebten Job eine relevante Komponente in deinem Profil. Zeige in den von dir für die Anforderungserfüllung verwendeten Beispielen deshalb auch immer auf, inwiefern dir dein fachliches Know-how dabei geholfen hat, deinen Joballtag erfolgreich zu meistern. Weise dabei unbedingt auf Gemeinsamkeiten zu der Stelle hin, auf die du dich bewerben willst. Denn niemanden wird all dein Fachwissen interessieren, wenn es für deinen künftigen Job nicht benötigt wird.

Die für den Job relevanten Hard und Soft Skills solltest du in keinem Fall in deiner Tätigkeitsbeschreibung aussparen. Wie haben sie dich in deinem täglichen Doing bei der Erledigung deiner Aufgaben unterstützt? Welche deiner sozialen Kompetenzen haben zum Teamerfolg beigetragen, und wie konntest du sie an den erforderlichen Punkten einbringen? Welche Computerprogramme und Methoden beherrscht du aus dem Effeff, sodass du deine Aufgaben effizient in der vorgegebenen Zeit bewältigen konntest?

Zuletzt ist es immer hilfreich, wenn du auch deine Rolle im Team und deinen Verantwortungsbereich an einem konkreten Beispiel beschreibst. Das macht deine Kompetenzen für Außenstehende leichter nachvollziehbar und glaubwürdiger. In Abbildung 5-9 findest du zwei Praxisbeispiele, an denen du dich bei der Ausarbeitung deiner Kompetenzen im Hauptteil 1 orientieren kannst. Zwei bis drei Kernkompetenzen passend zur Stellenausschreibung sind hier vollkommen ausreichend.

2 Praxisbeispiele

Jan, 26, Literatur- und Sprachwissenschaften (M. A.)
Bewerbung als PR-Referent an privater Hochschule

Schreiben aus Leidenschaft: Meine Begeisterung für Literatur und das Verfassen von Texten ebneten mir schon früh den Weg für mein Studium der Literatur- und Sprachwissenschaften. Durch studiumsbegleitende Tätigkeiten beim Radio sowie in der PR-Abteilung des Tierkunde-Museums in Musterstadt war ich stets mit unterschiedlichen Textformaten konfrontiert und professionalisierte sowohl meinen journalistischen als auch marketingorientierten Schreibstil im Rahmen der Veröffentlichung von mehr als 50 Pressetexten in 24 Monaten.

Multimediale Arbeit: In meiner bisherigen beruflichen Laufbahn habe ich kontinuierlich neue Aufgabenfelder für meine Position erschlossen und konnte kreative Ideen und Kommunikationsformen erfolgreich umsetzen. So betreute ich unter anderem hauptverantwortlich den Homepage-Relaunch der Tierpark Musterstadt gGmbH und entwickelte multimediale Inhalte für die barrierefreie Smartphone-App des Tierparks, die sich auch an Menschen mit Behinderung richtet.

Marina, 29, Psychology (M. Sc.)
Bewerbung als Talent-Managerin Automotive

Talent-Management: Während meiner 5-jährigen Festanstellungen in der Automobilindustrie konnte ich bereits vielfältige Erfahrungen in der Konzeption und Durchführung von agilen Projekten und Programmen innerhalb der Personalentwicklung in Zusammenarbeit mit externen Kooperationspartnern und Coaches sammeln. Darüber hinaus habe ich an Themen im Bereich strategischer Nachfolgeplanung und der Entwicklung von Karrierepfaden gearbeitet. In diesem Rahmen beschäftigte ich mich außerdem mit der Entwicklung von Talent-Initiativen sowie der Förderung von Nachwuchsführungskräften.

Abbildung 5-9: Praxisbeispiel Hauptteil 1 im Anschreiben

5.5 Hauptteil 2 – Was ist dein Warum?

Jobsuchende und -wechselnde denken beim Erstellen ihrer Bewerbungsunterlagen häufig nicht ausreichend darüber nach, warum sie sich gerade für das von ihnen angestrebte Unternehmen entschieden haben. Entweder sind sie zufällig über eine Stellenanzeige gestolpert, die ganz »nett« klingt und scheinbar im Rahmen ihrer Möglichkeiten liegt. Oder sie haben von den erstklassigen Konditionen gehört, die dieses Unternehmen seinen Angestellten bietet. In der Regel denken sie mehr an die Situation, vor der sie flüchten wollen, als an die Chancen, die ihnen das neue Umfeld bieten kann.

Dabei liegt genau in Letzterem der Schlüssel. Bei der bewussten Entscheidung für einen Arbeitgeber sollte im Fokus stehen, welche Besonderheiten das Unternehmen zu bieten hat, die langfristig für Erfüllung, Freude und Zufriedenheit im Job sorgen können. Was das letztendlich ist, ist selbstverständlich sehr individuell und hängt von jedem ganz persönlich ab. Genau deshalb sind Standardfloskeln vollkommen ungeeignet, um deine Motivation für den Job in deinem Anschreiben aufzuzeigen. Frag dich ganz ehrlich, was neben einer besseren Bezahlung und einer hoffentlich besseren Führungskraft im neuen Job auf dich wartet, wofür sich das Aufstehen morgens lohnt.

Was hast du davon, wenn du diesen Job bekommst? Was ist dein Warum für diese Bewerbung? Was motiviert dich für diesen Job?

Wenn du diese Fragen für dich beantworten kannst, schlägst du gleich zwei Fliegen mit einer Klappe. Du weißt, ob es wirklich sinnvoll ist, dich auf die ausgeschriebene Stelle zu bewerben. Außerdem kannst du deinem potenziellen Arbeitgeber zeigen, warum du für die Stelle brennst und bereit bist, in dem Job dein Bestes zu geben. Du kannst dir sicher bereits vorstellen, dass es einige Motivationsgründe gibt, die du besser nicht in deiner Bewerbung angeben solltest.

Aufgepasst!

Gib im Motivationsteil deines Anschreibens niemals Details an, die dich bei deinem aktuellen Arbeitgeber frustrieren und der eigentliche Grund für deine Jobsuche sind. Denn sonst kann schnell der Eindruck entstehen, dass du dich für den neuen Job nicht wirklich interessierst und eigentlich nur auf der Suche nach einem Ausweg aus deinem aktuellen Frust bist.

Ein paar typische Beispiele dafür findest du in Abbildung 5-10. Weder ein attraktives Gehalt noch überdurchschnittlich viele Urlaubstage sollten als deine Motivation für den neuen Job im Anschreiben Platz finden. Doch sind wir mal ehrlich. Natürlich machen diese Faktoren einen Arbeitgeber zusätzlich attraktiv. Genauso wie die Aussicht, auch vom Homeoffice aus arbeiten zu können oder endlich eine empathische Führungskraft zu haben, die dich nicht rund um die Uhr überwacht. Das sind völlig legitime Antreiber bei der Jobsuche. In deinem Anschreiben haben sie aber nichts verloren. Dein künftiger Arbeitgeber möchte wissen, warum du dazu bereit sein wirst, im neuen Job Vollgas zu geben. Deshalb bist du gut damit beraten, wenn du darstellst, auf was du dich bei deiner neuen Tätigkeit besonders freust.

Abbildung 5-10: Negativbeispiele für dein Warum im Anschreiben

In Abbildung 5-11 findest du zwei schlechte und zwei gute Beispiele für die Formulierung deiner Motivation.

Statt so ...

Der in Ihrer Stellenanzeige erwähnte Fokus auf die ausgewogene Work-Life-Balance Ihrer Angestellten spricht mich besonders an.

In der Branche XYZ ist die Muster GmbH für ihre exzellenten Arbeitsbedingungen und Weiterbildungen bekannt. Auch deshalb möchte ich gern Teil Ihres Teams werden.

besser so ...

Die von der Muster GmbH gelebten familiären Werte sprechen mich besonders an. Denn in einem solchen Umfeld fühle ich mich gut aufgehoben und bin am leistungsfähigsten.

Von Ihren hervorragenden Förderprogrammen für Angestellte habe ich bereits viel gehört. Ich freue mich darauf, dadurch meine Fähigkeiten und Kenntnisse im Bereich XYZ noch weiter auszubauen und Ihr Team zu stärken.

Abbildung 5-11: Beispielformulierungen für deine Motivation

Dein Ziel sollte es in diesem Teil des Anschreibens immer sein, eine Win-win-Situation für beide Seiten darzustellen. Zeig auf, was du dir bezüglich deiner beruflichen Weiterentwicklung von der ausgeschriebenen Stelle versprichst.

Mach gleichzeitig deutlich, was dein potenzieller Arbeitgeber davon hat, wenn du diese Möglichkeiten bekommst. Du merkst schon, dafür musst du dir wirklich Gedanken dazu gemacht haben, was du dir für deinen weiteren Berufsweg wünschst und wie der Job im Zielunternehmen zu diesen Wünschen und Plänen passt.

5.6 Dein selbstbewusster Schlussteil

Es gibt einige Klassiker unter den Schlusssätzen im Anschreiben einer Bewerbung, die eine Vielzahl der Bewerbenden auch heute noch verwendet, ohne sich darüber Gedanken zu machen. Sie kopieren diese Floskeln aus dem Internet und drücken ihrer Bewerbung damit einen negativen Stempel auf.

Überaus freundlich und bescheiden sollen diese Formulierungen klingen. Allerdings vermitteln sie Personalern einen deutlich anderen Eindruck. Durch diese Formulierungen wirkst du wie ein wenig selbstbewusster Bittsteller, der wahrscheinlich sehr verzweifelt ist und bisher nur Absagen auf seine Bewerbungen erhalten hat. Deshalb solltest du unbedingt Formulierungen wie die drei folgenden und ähnliche als Schlusssatz in deinem Anschreiben vermeiden.

- »Ich würde mich sehr darüber freuen, wenn ich Sie in einem persönlichen Gespräch von mir und meinen Fähigkeiten überzeugen dürfte.«
- »Ich wäre Ihnen sehr dankbar, wenn Sie mich zu einem Vorstellungsgespräch einladen würden.«
- »Ich würde mich sehr darüber freuen, bald von Ihnen zu hören.«

Tipp!

Wenn der Rest der Bewerbung sehr gut ausgearbeitet ist und von dir überzeugt, wird der Schlusssatz deines Anschreibens definitiv nicht kriegsentscheidend sein. Also mach es dir an dieser Stelle nicht unnötig schwer und fasse dich kurz. Ein »Ich freue mich sehr auf ein persönliches Kennenlernen« ist als Schlusssatz völlig ausreichend. Außerdem gewinnst du dadurch auch mehr Platz für die viel wichtigeren Inhalte deines Anschreibens, wie die Einleitung und die Hauptteile 1 & 2.

In Abbildung 5-12 findest du noch einmal sämtliche Bestandteile, die neben deinem souveränen Schlusssatz in den letzten Teil deines Anschreibens gehören. Es bietet sich an, auch an dieser Stelle noch einmal kurz deine für den Job relevanten Stärken in zwei bis drei Schlagworten zu verpacken. Aber übertreibe es nicht. Denn du solltest dich bereits im Rest deines Anschreibens überzeugend vermarktet haben. Ein weiterer Bestandteil, der noch aus Zeiten der schriftlichen Bewerbung stammt, ist deine handschriftliche Signatur. Du kannst aber natürlich auch eine digitale Unterschrift verwenden. Mit deiner Unterschrift bestätigst du, dass die in deinen Unterlagen gemachten Angaben der Wahrheit entsprechen.

Abbildung 5-12: Bestandteile des Schlussteils im Anschreiben

Außerdem ist es für deinen potenziellen Arbeitgeber wichtig, zu erfahren, wann du bei ihm loslegen kannst. Dabei solltest du natürlich deine Kündigungsfrist beachten. Deine Gehaltsvorstellung solltest du unbedingt auch nennen, wenn sie in der Stellenausschreibung gefordert wird. Davor kannst du dich nicht drücken. Denn sonst wird es dir negativ ausgelegt. Falls du dir unsicher bist, welchen Betrag du hier angeben solltest, kannst du auf gängigen Portalen im Internet recherchieren. Dort gibt es zu den meisten Unternehmen und den dort angesiedelten Jobs Angaben von Angestellten zu ihren Gehältern. Daran kannst du dich sehr gut orientieren. Gib immer das Jahresbruttogehalt inklusive Sonderzahlungen an. Außerdem solltest du niemals einen fixen Betrag nennen. Wenn du eine Gehaltsspanne verwendest, bleibt dir mehr Verhandlungsspielraum. Zuletzt solltest du auch eine zum Unternehmen passende Grußformel nicht vergessen.

5.7 Das Wichtigste auf einen Blick

Hier findest du die wichtigsten Learnings und die schlimmsten Fehler für das Thema Anschreiben noch einmal zusammengefasst. Außerdem bekommst du einen Minifahrplan samt Hacks und Tipps an die Hand, damit dir die Arbeit an deinem Anschreiben leichter von der Hand geht. Zum Schluss gibt es ein weiteres Praxisbeispiel zur besseren Orientierung.

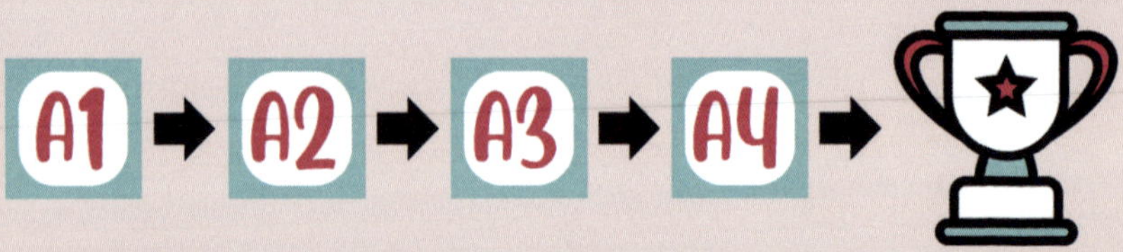

Minifahrplan

Aufgabe 1: Überzeugender Einleitungssatz
Aufgabe 2: Was hast du dem Unternehmen zu bieten?
Aufgabe 3: Was hat dir das Unternehmen zu bieten?
Aufgabe 4: Verbindliche Verabschiedung erstellen

Hacks & Tipps

- Verrate nicht zu viel. Das Anschreiben dient nur als Appetitanreger für deinen Lebenslauf.
- Wenn dir der Einstieg schwerfällt, leg einfach irgendwo los. Denn wenn du einmal angefangen hast, lässt sich der Rest drumherum leichter aufbauen.
- Verwende für den Job passende Attribute.
- Dinge, die du später im Lebenslauf sowieso nennen wirst, solltest du nicht auch noch im Anschreiben erwähnen. Diese Wiederholungen sind unnötig, weil sie Personaler noch zu lesen bekommen.
  ACHTUNG: Da die meisten Personaler das Anschreiben nicht im Detail lesen, muss der Lebenslauf auch ohne dein Bewerbungsschreiben funktionieren.
- Verwende den journalistischen Schreibstil und bringe das Wichtigste für die Leser bereits im ersten Satz auf den Punkt. Schon nachdem Personaler deinen Einleitungssatz gelesen haben, müssen sie davon überzeugt sein, dass du den Job kannst. Denn dann sind sie neugierig geworden und werden auch den Rest lesen.
- Wähle die für den Job wichtigsten Highlights deiner Karriere aus.

Abbildung 5-13: Hacks & Tipps für die Erstellung des Anschreibens

16 Fehler …

1. Adresse oder Unternehmen falsch schreiben
2. Falschen oder keinen Ansprechpartner nennen
3. Datum in Vorlage nicht aktualisieren
4. Fehlender und/oder schwammiger Betreff
5. Langweiliger Schreibstil
6. Rechtschreibfehler und schlechte Grammatik
7. Unseriöse E-Mail-Adresse
8. Unvollständige Kontaktdaten
9. Verwendung einer Einheitsvorlage für alle Bewerbungen
10. Anschreiben geht über mehrere Seiten
11. Einfach den Lebenslauf nacherzählen
12. Keine klare Struktur
13. Unpassende Ausdrucksweise
14. Verwendung des Konjunktivs
15. Keine Unterschrift
16. Verwendung von Standardfloskeln

Abbildung 5-14: Typische Fehler im Anschreiben Teil 1

… und noch mehr

17. Fehlende Beispiele/Belege
18. Musteranschreiben aus dem Internet übernehmen
19. Kaum lesbare Schriftart verwenden
20. Sich mit Superlativen in ein besseres Licht rücken
21. Zu viele passive Formulierungen
22. Fehlende Schnittmenge zur Stellenanzeige
23. Verwendung komplizierter Schachtelsätze
24. Steifes Beamtendeutsch verwenden
25. Weit in der Vergangenheit anfangen/kein aktueller Bezug
26. Fehlende Motivation
27. Anhäufung irrelevanter Informationen
28. Fehlende Darstellung der persönlichen Eigenschaften
29. Im Wechselgrund über den alten Arbeitgeber herziehen
30. Unsichere Formulierung im Schlusssatz
31. Inhaltliche Fehler
32. Zu kleine Schriftgröße verwenden

Abbildung 5-15: Typische Fehler im Anschreiben Teil 2

Checkliste

- Du hast darauf geachtet, dass dein Anschreiben in Design und Stil zum Rest deiner Bewerbungsmappe passt.
- Du hast quantifizierte Informationen eingearbeitet und nicht eine oberflächliche Ego-Show hingelegt. (Z. B. »Ich bin zuverlässig & belastbar.« Wie kannst du das belegen?)
- Du hast Absätze verwendet, um eine bessere Übersichtlichkeit zu schaffen und den Fokus des Lesers auf die wichtigsten Aspekte zu lenken.
- Du hast einen Ansprechpartner verwendet und auf eine korrekte Schreibweise seiner Kontaktdaten geachtet.
- Du hast kein Musteranschreiben aus dem Internet verwendet und deine Gehaltsvorstellungen nicht vergessen.
- Du hast eine konkrete Betreffzeile als direkte Zuordnungsmöglichkeit eingefügt.
- Du hast auf einen gut strukturierten Aufbau geachtet (Einleitung, Hauptteil 1 & 2, Schluss).
- Du hast in deinem Anschreiben nicht einfach deinen Lebenslauf wiederholt, sondern deine Ziele und Motivation für den ausgeschriebenen Job aufgezeigt.
- Du hast unpassende Ausdrucksweisen und Standardfloskeln vermieden und Wichtiges hervorgehoben.
- Du hast für eine bessere Lesbarkeit auf komplizierte Schachtelsätze verzichtet und einen aktiven Schreibstil genutzt, der zum Unternehmen und der Branche passt.
- Du hast mit deinem Anschreiben nicht zu sehr in der Vergangenheit gegraben und einen aktuellen Bezug geschaffen.
- Du hast dich auf wichtige Schlüsselkompetenzen für den ausgeschriebenen Job bezogen & sie mit Beispielen belegt.

Abbildung 5-16: Die wichtigsten Punkte im Anschreiben

Praxisbeispiel

MARIA MEIER

Expertin Kommunikation & Presse

Private Universität Musterstadt gGmbH
Frau Anna Maler
Bergstraße 8
12345 Musterstadt

Musterstadt, den 18.02.2024

Bewerbung als Senior PR-Referentin & Texterin

Sehr geehrte Frau Maler,

als sprachgewandtes Kommunikationstalent besitze ich mehr als 10 Jahre Erfahrung in der Pressearbeit und den Bereichen Social Media und Marketing. Mit Kreativität, einem Gespür für Trends und einer zielgruppengerechten Ansprache überzeuge ich die jeweiligen Adressaten und sorge für eine hochwertige sowie positive Außendarstellung.

Pressearbeit & Marketing: Im Rahmen meiner derzeitigen Tätigkeit als Leiterin der Unternehmenskommunikation steuere ich strategisch die crossmediale Öffentlichkeitsarbeit und entwickle gezielte Marketingmaßnahmen zur Kundenakquise und nachhaltigen Kundenbindung. Neben klassischen Pressemitteilungen gehören auch Flyer, Broschüren, Newsletter und Anzeigen zu den von mir angewandten Kommunikationstools. Mit einem Gespür für Storytelling und meiner Freude an Fotografie und Mediengestaltung habe ich darüber hinaus die Social-Media-Präsenz des Unternehmens aufgebaut. Durch meine Arbeit als Unternehmenssprecherin einer zoologischen Bildungseinrichtung bin ich außerdem mit der Aufbereitung wissenschaftlich komplexer Themen vertraut. Dabei ist für mich der Wechsel zwischen der sachlichen Ansprache eines Expertenpublikums und einer für Laien zugänglichen, mitreißenden Ausdrucksweise selbstverständlich.

Warum die Universität Musterstadt? „An jeder Uni kann man die Welt studieren. Bei uns kannst Du sie verändern." Mit diesem Versprechen stellt sich die Universität Musterstadt nicht nur Studierenden als zukunftsgewandter Ort des Wissens vor, sondern präsentiert sich auch als attraktiver Arbeitgeber. Offenheit, Nachhaltigkeit und Vielfalt gehören zu dem Selbstverständnis der Universität, mit denen auch ich mich identifizieren kann. Besonders begeistern mich die in Ihrer Stellenausschreibung beschriebenen vielseitigen Plattformen, die viel Spielraum für Kreativität sowie für eine zielgruppengerechte Kommunikation bieten.

Mein fundiertes Fachwissen sowie meinen Erfahrungsschatz möchte ich gerne für die Abteilung Kommunikation & Marketing der Universität Musterstadt gewinnbringend einsetzen. Ich freue mich darauf, bald von Ihnen zu hören und Sie in einem persönlichen Gespräch von meinen Fähigkeiten zu überzeugen.

Freundliche Grüße

Maria Meier

Maria Meier

m.meier@mail.com +49 123 45 678 90 Musterstr. 7 12345 Musterstadt

Abbildung 5-17: Praxisbeispiel überzeugendes Anschreiben

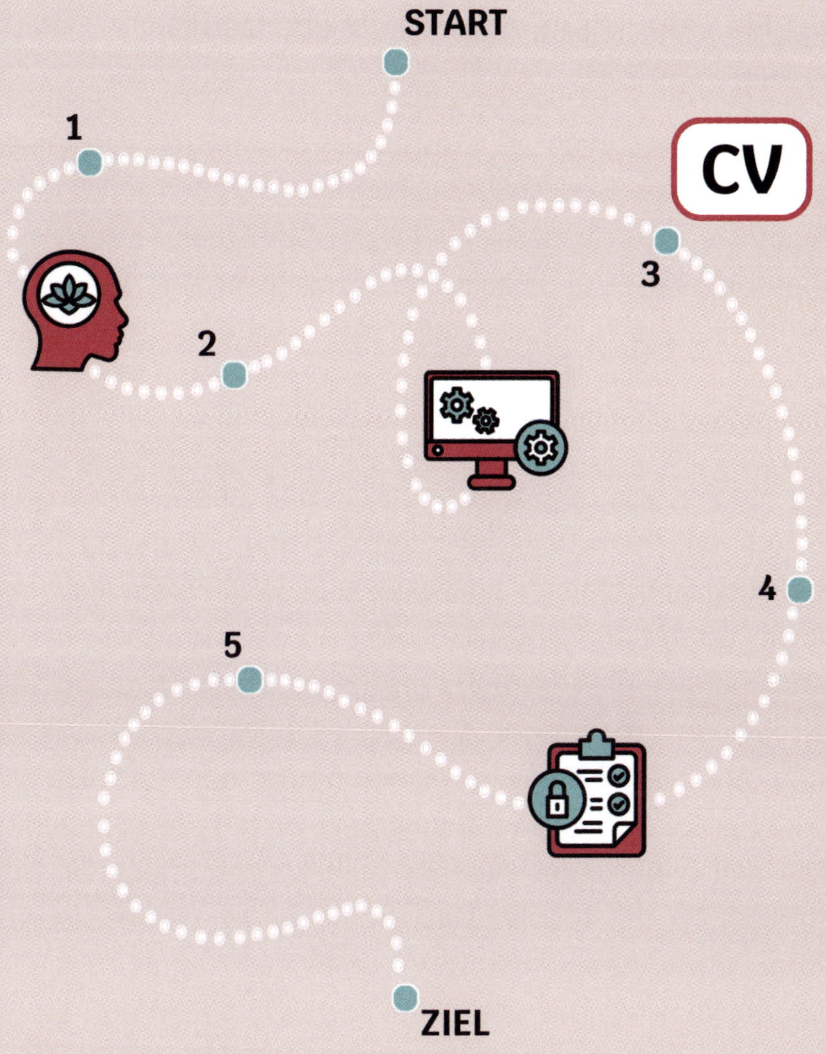

Lebenslauf

Kapitel 6

6.1 Ein Lebenslauf, der von dir überzeugt

Der Lebenslauf ist das Herzstück deiner Bewerbungsmappe. Wie du bereits erfahren hast, werfen die meisten Personaler zunächst einen Blick auf den Lebenslauf (der auch als Curriculum Vitae, kurz CV, bezeichnet wird). Deshalb muss vor allem dieser bis ins letzte Detail davon überzeugen, dass du den Job verstanden hast und alles mitbringst, was es dafür braucht. Also denke daran: In deinem Lebenslauf muss jeder Bestandteil passgenau auf die ausgeschriebene Stelle abgestimmt sein.

Personaler scannen deinen Lebenslauf innerhalb weniger Sekunden. Wenn du darauf achtest, deine Unterlagen übersichtlich zu gestalten, sodass sie sehr schnell vom Auge erfasst werden können, verschaffst du dir damit also einen entscheidenden Vorteil. Du solltest hier also in jedem Fall auf die Verwendung von Absätzen, gut dosierter Fettschrift und verschiedenen Design-Elementen achten. So fallen die wichtigsten Kerninformationen bezüglich deiner Fähigkeiten und Erfahrungen passend zum ausgeschriebenen Job direkt ins Auge. Aber denke auch hier immer daran, was gefordert bzw. benötigt wird. Viel hilft nicht immer viel. Du kannst auch schnell übers Ziel hinausschießen und einen negativen Eindruck hinterlassen.

In Abbildung 6-1 findest du einen Überblick über die einzelnen Bestandteile eines typischen Lebenslaufs. Einige von ihnen sind absolute Must-haves, und bei den anderen kannst du frei für dich entscheiden, ob du sie nutzen möchtest. Allerdings empfiehlt es sich, möglichst alle hier aufgezeigten Bestandteile zu nutzen, um das eigene Profil passend zum Job herauszuarbeiten.

Abbildung 6-1: Bestandteile eines deutschen Lebenslaufs

AufgePasst!

Genau wie dein Anschreiben darf auch dein Lebenslauf niemals eine Standardunterlage sein, die du unverändert an eine Vielzahl von Unternehmen schickst. Die Anforderungen an einen Job sind von Unternehmen zu Unternehmen sehr unterschiedlich. Diese Unterschiede müssen auch in deinem Lebenslauf ganz klar ersichtlich werden.

Bestandteile eines überzeugenden Lebenslaufs

Bevor wir gleich die einzelnen Bestandteile von Lebensläufen etwas genauer unter die Lupe nehmen, kommt hier noch ein wichtiger Hinweis. Ihn solltest du beim Erstellen deiner Unterlagen immer berücksichtigen. Personaler haben nicht viel Zeit und überfliegen deshalb die einzelnen Bewerbungen zunächst, um zu entscheiden, ob sie einen zweiten Blick wert sind. Deshalb solltest du die für den Personaler wichtigsten Informationen immer möglichst weit oben in deinem Lebenslauf platzieren, sodass sie in der Informationsflut nicht untergehen. Von daher empfiehlt es sich, den »Über-mich«-Bereich und das Kompetenzprofil immer im oberen Drittel des Lebenslaufs unterzubringen.

Hier kommt noch ein wichtiger Tipp: Orientiere dich bei der Erstellung der einzelnen Bereiche deines Lebenslaufs bestenfalls an den wichtigsten Schlagworten aus der Stellenanzeige, um eine möglichst hohe Passung zum ausgeschriebenen Job herzustellen. Verwende dazu am besten die Schlagworte selbst oder passende Synonyme.

Dein »Über-mich«-Bereich: Wer bist du, und warum sollte man ausgerechnet dir diesen Job geben? Dieser Bereich ist kein Pflichtbestandteil deines Lebenslaufs. Trotzdem kann er dir bei passgenauer Erstellung dazu verhelfen, dass deine Unterlagen die volle Aufmerksamkeit des Personalers bekommen. Denn du hast bereits hier die Möglichkeit, in wenigen Worten auf den Punkt zu bringen, was du für die ausgeschriebene Stelle mitbringst und was dich von deinen Mitstreitern unterscheidet. Schau über den Tellerrand hinaus und positioniere dich geschickt für den Job.

Persönliche Angaben: Hierbei handelt es sich um Kernangaben zu deiner Person. Die größte inhaltliche Varianz und Herausforderung für Jobsuchende stellt in der Regel dieser Teil des Lebenslaufs dar. Er zählt zwar zu den Pflichtbestandteilen, allerdings sind es letztendlich nur deine Kontaktdaten, die du wirklich angeben musst. Alles andere sind freiwillige Angaben.

Kompetenzprofil: Wenn du die Stellenanzeige bis ins Detail analysiert hast, solltest du ganz genau wissen, welche Kompetenzen und Skills für den von dir angestrebten Job benötigt werden. Durchleuchte deine eigenen Fähigkeiten und Erfahrungen, um hier eine möglichst große Schnittmenge aufzeigen zu können. Gib an dieser Stelle einen groben aber passgenauen Überblick darüber, was du mitbringst, und gehe später im Teil Berufserfahrung nochmal intensiver darauf ein.

Berufserfahrung: In diesem Teil deines Lebenslaufs zeigst du anhand von Beispielen konkret auf, in welchen Situationen deines bisherigen Berufslebens du die für den ausgeschriebenen Job benötigten Kompetenzen erfolgreich einsetzen konntest.

Bildungsweg: Dein Schulabschluss, deine Berufsausbildung und weitere Bildungseinrichtungen, in denen du für deinen Beruf qualifizierende Abschlüsse erlangt hast, finden sich im Bereich Ausbildung wieder. Auch hier darfst du gerne auf Schwerpunkte hinweisen, die einen Bezug zu den Anforderungen der Stellenanzeige haben. Einen Überblick zu den Inhalten dieses Bereichs findest du in Abbildung 6-2.

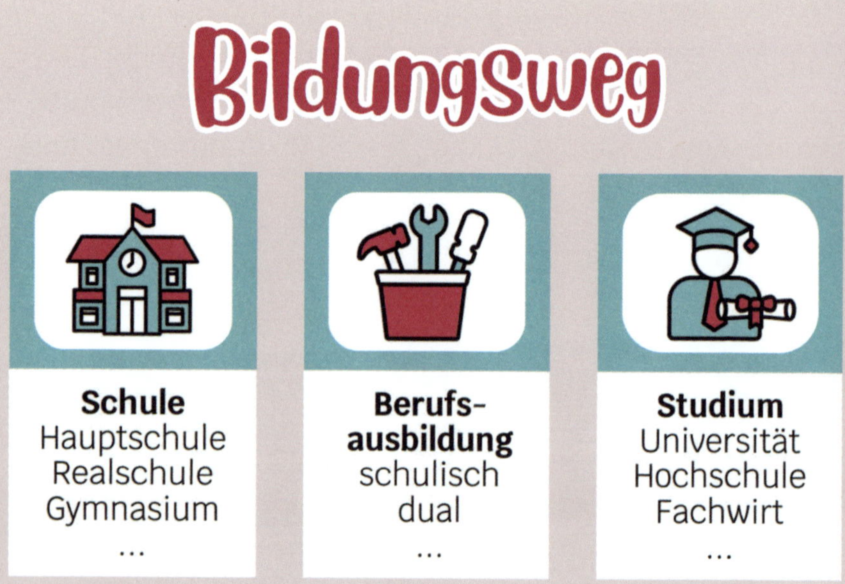

Abbildung 6-2: Bestandteile des Bereichs »Bildungsweg«

Weiterbildungen: In diesem Bereich nennst du deine für den Job relevanten Qualifikationen und weitere Seminare, Fortbildungen und Workshops, an denen du im Laufe der Zeit teilgenommen hast.

IT-Kenntnisse: Im Bereich Computerkenntnisse machst du Angaben zu deinen Fähigkeiten bezüglich verschiedener Software und Programmiersprachen. Solltest du hier Lücken haben, was deine IT-Kompetenzen angeht, empfiehlt es sich, wenigstens einen Mini-Online-Kurs dazu zu absolvieren, damit du nicht völlig blank bei diesem Thema bist und dir deshalb nicht die Chance auf einen tollen Job entgeht.

Sprachen: Hier machst du Angaben zu relevanten Sprachkenntnissen. Und sei bitte unbedingt ehrlich. Ein Jahr Spanisch in der Schule und danach nie wieder angewandt, qualifiziert dich nicht für fließende Kenntnisse in dieser Sprache.

Weitere praktische Erfahrungen: Hast du noch andere für den Job relevante Erfahrungen außerhalb eines Angestelltenverhältnisses erlangt, kannst du diese hier aufführen.

Ehrenamt: Du engagierst dich in deiner Freizeit für unsere Gesellschaft? Das ist etwas Besonderes und steht für dein Wertesystem. Auch das solltest du in deinen Unterlagen platzieren.

Interessen: Was machst du gerne in deiner Freizeit, das dir möglicherweise auch im angestrebten Job weiterhelfen kann? Oder beschäftigst du dich mit besonderen Dingen, die dich von der Masse abheben und Wiedererkennungswert haben? Dann solltest du das in deinen Unterlagen auch entsprechend aufzeigen.

Wie mit Lücken im Lebenslauf umgehen?
Zunächst solltest du wissen, dass Lücken im Lebenslauf nicht schlimm sind. Wichtig ist nur, wie du damit umgehst. Lügen oder verschweigen ist in jedem Fall die falsche Lösung, weil Personaler an dieser Stelle schnell hellhörig werden oder spekulieren müssen. Deshalb empfiehlt es sich immer, ehrlich und sachlich mit besonderen Situationen im Werdegang umzugehen. Eine kurze Erläuterung dazu in deinem Lebenslauf reicht in der Regel völlig aus. Mach dir auch bitte keine Sorgen wegen Lücken, die in der Realität gar keine sind. In Abbildung 6-3 findest du typische Beispiele dafür.

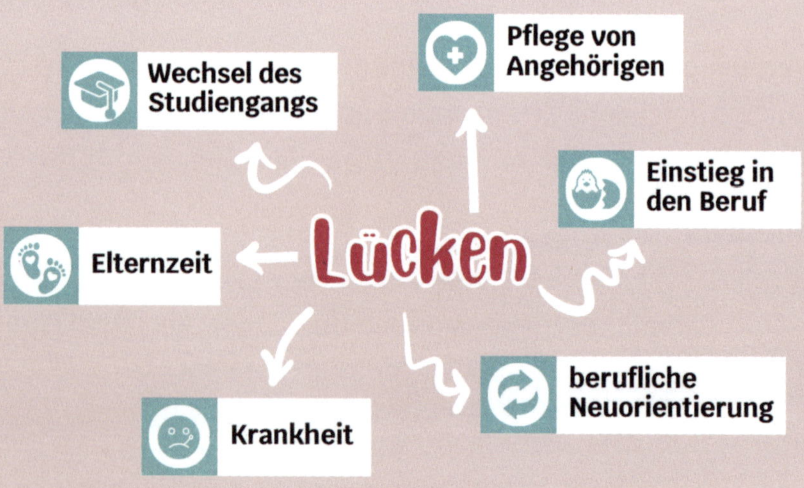

Abbildung 6-3: Beispiele für Lücken im Lebenslauf, die keine sind

In den folgenden Beispielen (Abbildung 6-4) siehst du, wie du damit bestenfalls umgehst. Du erkennst schnell, dass es letztendlich nur darauf ankommt, dass du Brüche in deiner Vita mit glaubwürdigen Fakten begründest und aufzeigst, dass du nicht untätig warst. Denn für die meisten Situationen, die im Leben auftreten können, haben Personaler Verständnis, solange es eine plausible Erklärung dafür gibt.

Lücke	schlecht	besser
Elternzeit	einfach verschweigen	Von MM/JJJJ bis MM/JJJJ Elternzeit
längerer Berufseinstieg	arbeitssuchend	Weiterbildung in Thema XYZ
Krankheit	krank	Auszeit aus gesundheitlichen Gründen & vollständige Genesung
Pflege von Angehörigen	Auszeit aus privaten Gründen	Pflege der schwer erkrankten Mutter
Wechsel des Studiengangs	Abbruch des Studiums	Studium XYZ & gleichzeitiges Ehrenamt
berufliche Neuorientierung	3 Monate arbeitslos	berufliche Neuorientierung & Weiterbildung

Abbildung 6-4: »Lücken« plausibel im Lebenslauf darstellen

6.2 Dein passgenauer »Über-mich«-Bereich

Dieser Bestandteil des Lebenslaufs ist deine Chance, dich kurz und knackig für deinen Traumjob in Schlagdistanz zu bringen. Er ist kein Pflichtbestandteil in einer Bewerbung. Trotzdem empfehle ich jedem Jobsuchenden, diesem Punkt einen Platz in seinem Lebenslauf zu spendieren. Er ist nämlich dein Elevator Pitch in schriftlicher Form. In wenigen Worten bringst du hier auf den Punkt, warum genau DU die richtige Person für den Job und das Unternehmen bist. Abbildung 6-5 zeigt dir, welche Details idealerweise in deinem Pitch enthalten sein sollten.

Abbildung 6-5: Bestandteile »Über-mich«-Bereich im Lebenslauf

Relevante Erfolge: Das beste Aushängeschild für deinen Arbeitsstil sind deine bisher erzielten Erfolge. Was konntest du bisher erreichen? Jobsuchende sind durch den Begriff »Erfolge« schnell eingeschüchtert, weil sie ihn nur schwer mit dem in Verbindung bringen können, was sie bisher erreicht haben. Dabei geht es hier ganz und gar nicht ausschließlich um die wirklich großen Dinge. Wirf gerne auch einen Blick auf die für dich weniger offensichtlichen Dinge. Welche Rolle nimmst du beispielsweise bei euch im Team ein? Und wie trägst du damit zum Gelingen eurer Projekte bei? Neben den klassischen Erfolgen wie erreichtem Umsatz, Abschlussquote, Anzahl von Veröffentlichungen, realisierte Projekte, Reichweite und vielem mehr sind es nämlich auch diese weniger offensichtlichen Dinge, die Unternehmen Mehrwert bieten und einen wertvollen Mitarbeiter ausmachen.

Soft Skills: Von vielen Bewerbenden noch immer sehr unterschätzt, machen persönliche, soziale und methodische Kompetenzen zum Schluss den Unterschied. Denn diese überfachlichen Qualifikationen lassen sich meist nur schwer erlernen und werden in einer immer komplexer werdenden Arbeitswelt zwingend benötigt. Beispiele für Soft Skills sind eine strukturierte Arbeitsweise, Kommunikationsstärke oder auch Teamfähigkeit.

Hard Skills: Fachliche Kompetenzen, die du für die ausgeschriebene Stelle im Gepäck hast, sind natürlich ebenfalls von großer Bedeutung. Zeige auf, welche Fähigkeiten du hierzu mitbringst, um den Job bestens zu meistern. Vielleicht hast du auch besondere Qualifikationen, die es am

Markt nur selten gibt. Nenn diese dann auf jeden Fall, um dich abzuheben.

Aufgepasst!

Deinen »Über-mich«-Bereich solltest du für jede Bewerbung weitestgehend neu erstellen. Denn nur so kannst du gewährleisten, dass du wirklich den richtigen Ton triffst und passgenau für die angestrebte Stelle die erforderlichen Informationen hervorhebst. Und denke daran: Auch wenn du dich auf denselben Job bei zwei verschiedenen Unternehmen bewirbst, werden sehr wahrscheinlich unterschiedliche Skills benötigt. Denn in der Regel haben Unternehmen eigene Vorstellungen davon, welche Aufgaben die jeweilige Rolle im Unternehmenskontext erfüllen sollte.

Erfahrungen: Gerade für Berufseinsteiger stellt dieser Bereich eine große Herausforderung dar. Denn in der Realität schlägt praktische Erfahrung im beruflichen Kontext jedes theoretische Wissen. Unternehmen schauen sehr genau darauf, welche für den Job relevanten Erfahrungen Bewerbende bisher sammeln konnten und wie diese zu den gestellten Anforderungen an den Job passen. Auch wenn du bisher noch nicht die Möglichkeit hattest, praktische berufliche Erfahrungen zu sammeln, darfst du gerne mal einen Blick auf deine bisherigen Erfahrungen im privaten Bereich werfen.

Konntest du vielleicht im Verein oder bei wohltätigen Organisationen Dinge realisieren, die für den von dir angestrebten Job relevant sind? Dann kannst du auch diese Punkte als Erfahrungen aufzeigen und passgenau zur Stelle herausarbeiten.

Tipp!

Belege deine praktischen Erfahrungen immer an Beispielen. Dadurch werden sie für andere nachvollziehbarer und lassen sich besser bezüglich der gestellten Anforderungen an die ausgeschriebene Stelle einordnen.

Dein USP & deine Persönlichkeit: Was unterscheidet dich von den ganzen anderen Bewerbenden? Was ist deine besondere Stärke, die dir dabei helfen wird, den angestrebten Job erstklassig zu erledigen? Dieser Punkt ist zu 100 Prozent individuell und kann sich deshalb höchst unterschiedlich gestalten. Bringst du beispielsweise ein sehr spezielles Netzwerk innerhalb der Branche mit? Oder konntest du schon an relevanten Aktionen oder Veranstaltungen teilnehmen, die nicht für die breite Masse zugänglich waren?

Was zeichnet dich auf menschlicher Ebene dafür aus, dass du eine Bereicherung für das Unternehmen und das Team sein wirst? Für welche Werte stehst du ein, und welche besonderen Interessen verbinden dich mit dem Unternehmen?

3 Praxisbeispiele

Sabrina, 37, Literatur- und Sprachwissenschaften (M. A.)
Social-Media-Manager bei Luxusmarkenhersteller

Kommunikationsstark, kreativ & zielorientiert: Als Expertin der Unternehmenskommunikation bringe ich mehr als 10 Jahre Erfahrung in den Bereichen Social-Media-Management, Marketing und Pressearbeit mit. Durch mein sicheres Gespür für Storytelling konnte ich allein im letzten Jahr 5 international bekannte Kampagnen erfolgreich umsetzen und mit ihnen neue hochpreisige Produktsparten zielgruppengerecht am Markt etablieren. Mit crossmedialen Kampagnen und zielgerichteter Kommunikation konnte ich allein auf Instagram weit über 5 Millionen potenzielle Kunden erreichen und auf unsere Luxusmarken in den Bereichen Pflege und Kosmetik aufmerksam machen.

Maria, 31, International Management & Psychology (M. Sc.)
Organisationsentwicklerin in der Automobilindustrie

Empathisch, verantwortungsbewusst & zielstrebig: Als kommunikationsstarke Organisationspsychologin bringe ich mehr als 5 Jahre Erfahrung in den Bereichen Personal- und Organisationsentwicklung mit. Durch mein Organisationsgeschick, meine Analysefähigkeit und Lösungsorientierung behalte ich auch in anspruchsvollen Situationen den Überblick und konnte so in den letzten 2 Jahren 4 innovative agile Organisationskonzepte im Unternehmen etablieren.

Stefan, 19, Abiturient (Leistungskurse: Mathe, Wirtschaft)
Ausbildung zum Bankkaufmann

Zahlenaffin, kommunikationsstark & aufgeschlossen: Als zielstrebiges und vielseitig interessiertes Organisationstalent konnte ich während zweier Schülerpraktika bereits erste Erfahrungen im Bankensektor und der Beratung von Kunden sammeln. Durch meine Leidenschaft für Mathematik und Wirtschaft wurde mein Interesse an Finanzen früh geweckt. Das Interesse an beiden Themengebieten konnte ich durch die Teilnahme an einem Börsenplanspiel noch weiter vertiefen.

Abbildung 6-6: Beispiele für »Über-mich«-Bereiche im Lebenslauf

6.3 Persönliche Daten im Lebenslauf

Kaum ein anderer Bestandteil des Lebenslaufs wird so sehr unterschätzt wie die persönlichen Angaben. Die meisten Bewerbenden machen sich hierzu kaum Gedanken und befüllen ihn sehr willkürlich. Oft führt dieses unbedachte Handeln zu Absagen und jeder Menge Frust. Das lässt sich natürlich leicht vermeiden, wenn man ein paar wichtige Regeln beachtet. Seit 2006 gilt in Deutschland das allgemeine Gleichbehandlungsgesetz (AGG). Es besagt, dass niemand aufgrund persönlicher Faktoren (wie beispielsweise Herkunft, Religion, Alter u. v. m.) im Bewerbungsprozess benachteiligt werden darf. Deshalb ist es auch vollkommen legitim, im Bereich »Persönliche Angaben« nicht mehr über sich zu verraten als den Namen und die relevanten Kontaktdaten. Obwohl dieses Gesetz jetzt schon sehr lange in Kraft ist, kennen es die meisten Menschen nicht und gehen in ihrer Bewerbung sehr willkürlich und unbedacht mit ihren persönlichen Informationen um.

AufgePasst!

Auch wenn es gemäß des allgemeinen Gleichbehandlungsgesetzes (AGG) nicht notwendig ist, Angaben zu machen, die über den Namen und die Kontaktdaten hinausgehen, kannst du einige Fakten trotzdem nutzen, um dich für die ausgeschriebene Stelle clever zu positionieren.

Seit jeher finden sehr unterschiedliche Ausprägungen von persönlichen Daten ihren Weg in die Bewerbungsunterlagen von Jobsuchenden. Falsch eingesetzt können sie den Bewerbungserfolg schnell zunichtemachen. Denn neben Angaben, bei denen man abwägen sollte, ob sie Vorteile mit sich bringen, gibt es auch Informationen, die in einer Bewerbung nichts zu suchen haben. Trotzdem sieht man sie immer wieder in einer Vielzahl von Bewerbungsunterlagen. In Abbildung 6-7 findest du eine Übersicht der gängigen Informationen im Bereich persönliche Daten. Manche von ihnen sind Pflichtangaben. Ein Großteil ist optional und sollte auf die jeweilige Bewerbungssituation abgestimmt sein. Es gibt sogar welche, die ein absolutes No-Go sind und unbedingt vermieden werden sollten.

Gängige Bestandteile persönlicher Informationen

Seit das AGG in Kraft getreten ist, gibt es nur sehr wenige Fakten, die in diesem Teil des Lebenslaufs noch immer Pflichtbestandteile sind. Allerdings geht es an dieser Stelle nicht nur darum, welche Informationen du in deinem Lebenslauf anbringst. Du solltest auch immer darauf achten, wie du diese Informationen darstellst. Denn es erweckt einen schlechten Eindruck, wenn sich Bewerbende beim Erstellen ihrer Unterlagen nicht an aus dem professionellen Kontext bekannte Formate und Regeln halten. Damit dir das nicht passiert, werfen wir an dieser Stelle einen detaillierten Blick auf genau diese Regeln und Formate.

Was gehört hinein?

Name: Vor- und Nachname, vollständig, keine Kurzformen (Pflichtbestandteil)

Familienstand: professionelle Formulierung, Angaben Kinder (freiwillig)

Adresse: Straße, Hausnummer, Postleitzahl, Ort, Zusätze (Pflichtbestandteil)

Nationalität: auf richtiges Format achten, Angabe Arbeitserlaubnis (freiwillig)

Telefonnummer: vollständig mit Ländervorwahl, gemäß DIN 5008 (Pflichtbestandteil)

Konfession und Zugehörigkeit zu einer Partei: nur für Vorteil (freiwillig)

E-Mail-Adresse: seriös, zeitnahe Erreichbarkeit, professionell (Pflichtbestandteil)

Social Media: ausschließlich für den Job relevante Kanäle (freiwillig)

Foto: freundlich, zur angestrebten Stelle passend, vom Fotografen (freiwillig)

Eltern und Geschwister: Beruf, Alter, Partei, Konfession (No-Go)

Geburtsangaben: korrektes Format, Geburtstag und Geburtsort (freiwillig)

Ehe- und Lebenspartner: Beruf, Alter, Partei, Konfession (No-Go)

Pflichtbestandteil **freiwillig** **No-Go**

Abbildung 6-7: Bestandteile »persönliche Daten« im Lebenslauf

Aber bevor wir starten, findest du in Abbildung 6-8 drei Prinzipien, die du generell bei deinen persönlichen Angaben berücksichtigen solltest.

Abbildung 6-8: Drei Grundregeln für persönliche Angaben im CV

Neben den gängigen Formatierungsregeln deiner Informationen solltest du immer darauf achten, dass dir die gemachten Angaben einen Vorteil gegenüber Mitstreitern im Bewerbungsprozess verschaffen. Und nicht nur das. Sie sollten dir in keinem Fall negativ ausgelegt werden können. Außerdem solltest du stets im Blick haben, welche Angaben in deinen Unterlagen erwünscht sind und welche nicht. Behörden und öffentliche Einrichtungen lehnen beispielsweise häufig Bewerbungsfotos ab. Wird trotzdem eines verwendet, kann dies schnell negativen Einfluss auf den Erfolg einer Bewerbung haben.

Name: Deinen vollständigen Vor- und Nachnamen solltest du bereits möglichst weit oben in deinem Lebenslauf nennen. Falls du einen akademischen Grad (wie beispielsweise einen Doktortitel) oder auch einen Adelstitel besitzt, kannst du ihn an dieser Stelle auch gleich mit erwähnen. Manchmal können sie ein Türöffner für gewisse Jobs sein. Trotzdem ist die Nennung dieser Angaben im Lebenslauf freiwillig, und zum Schluss entscheidest du selbst, mit welchen Angaben (siehe Abbildung 6-9) du dich am wohlsten fühlst. Allerdings gibt es auch Jobs, bei denen ein Doktortitel vorausgesetzt wird.

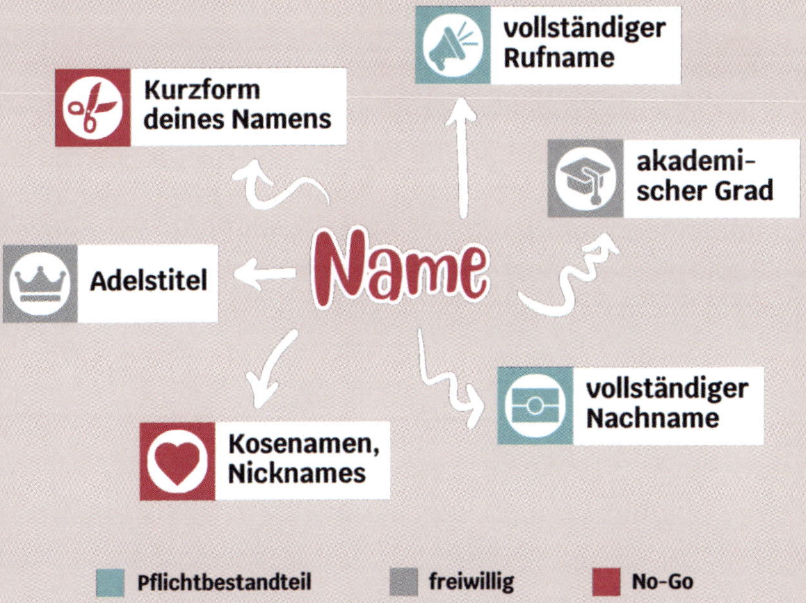

Abbildung 6-9: Bestandteile der Angaben des Namens

Bewirbst du dich zum Beispiel auf eine Professur, darf die Angabe deines Titels auf keinen Fall fehlen. Achte darauf, dass du deine Namen vollständig ausgeschrieben angibst. Die Verwendung von Kurzformen, wie zum Beispiel Josi statt Josephine, ist im Lebenslauf unangebracht. Bei mehreren Vornamen genügt es, wenn du deinen Rufnamen angibst.

Adresse: Hierzu gehört die Straße mit Hausnummer, die Postleitzahl mit zugehörigem Ort und bei Orten, die häufiger vorkommen, gerne auch noch ein Zusatz wie »in Bayern«. Sollte sich dein permanenter Wohnort im Ausland befinden, gehört außerdem die Angabe des Landes zur Adresse dazu.

AufgePasst!

Hier noch ein kleiner Tipp am Rande, weil es doch häufiger vorkommt. Achte bei der Angabe von Adressen in deinen Unterlagen darauf, dass du sie im selben Format darstellst. Das Format von deinem Geburtsort (solltest du ihn angeben) sollte zum Beispiel nicht von dem deines Wohnortes abweichen. Das sorgt für einen professionelleren Gesamteindruck deiner Bewerbungsunterlagen.

Wenn sich dein Wohnort weit entfernt von dem Ort befindet, an dem du später potenziell arbeiten sollst, lohnt es sich außerdem, auch anzugeben, dass du zu einem Umzug bereit bist oder bis Datum XYZ umgezogen sein wirst. So vermeidest du, dass du aus diesem Grund gleich von vornherein aussortiert wirst oder Fragen im Kopf von Personalern entstehen.

Telefonnummer: Die Angabe deiner Telefonnummer ist nicht obligatorisch. Also gib hier auf jeden Fall eine Nummer an, unter der du wirklich zu Geschäftszeiten erreichbar bist. Denn nur so ist eine schnelle und unkomplizierte Kontaktaufnahme des Unternehmens mit dir möglich. Vermeide es zum Beispiel, deine Festnetznummer anzugeben, wenn du tagsüber gar nicht zu Hause bist. Vergiss bei der Angabe deiner Telefonnummer bitte nicht, auch die Ländervorwahl hinzuzufügen. Zum einen wirkt diese Art der Darstellung professionell und zum anderen entspricht sie der Norm DIN 5008. Bei einem Wohnsitz im Ausland versteht sich die Angabe der Ländervorwahl natürlich von selbst. Außerdem solltest du zuletzt natürlich alle Angaben auf Zahlendreher überprüfen.

E-Mail-Adresse: Für einen unkomplizierten Erstkontakt solltest du immer deine E-Mail-Adresse angeben. Dies gilt auch im Fall einer schriftlichen Bewerbung. Bei der E-Mail-Adresse, die du für deine Bewerbung nutzt, gibt es ein paar Dinge zu beachten. Sie sollte seriös klingen, und du solltest unter ihr zeitnah erreichbar sein. Verwende also nur eine Adresse, bei der du möglichst regelmäßig in dein Postfach schaust. Was heißt seriös? Kosenamen sollten nicht Teil deiner E-Mail-Adresse sein. Religiöse oder obszöne Begriffe solltest du ebenso wie unpassende Abkürzungen und Zusätze vermeiden. Bestenfalls nutzt du eine Kombination aus deinem Vor- und Nachnamen.

Tipp!

Falls deine E-Mail-Adresse mit der klassischen Kombination nicht mehr verfügbar sein sollte, kannst du zusätzlich auch dein Geburtsjahr oder eine sinnvolle Abkürzung verwenden.

Bewerbungsfoto: Auch wenn bei uns in Deutschland ein Bewerbungsfoto schon lange nicht mehr verpflichtend ist, bevorzugen potenzielle Arbeitgeber noch immer Lebensläufe, die ein Bild enthalten. Dieses sollte bestenfalls aktuell und professionell erstellt worden sein. Mehr dazu auf Seite 144. Beim Thema Foto solltest du unbedingt auf die jeweiligen Regeln achten, die in dem Land gelten, in dem du dich bewirbst. In den USA beispielsweise sind Bewerbungsfotos unerwünscht.

Geburtsangaben: Gemäß Gesetzgebung darf niemand aufgrund seines Alters diskriminiert werden. Einfach ausgedrückt, bedeutet das, dass niemand wegen seines Alters für einen Job bevorzugt oder benachteiligt werden darf. Diese Angabe darf also durchaus weggelassen werden. Trotzdem können aufgrund des Alters Einschätzungen bezüglich der Qualifikationen und/oder Erfahrungen von Bewerbenden gemacht werden. Da ist es nicht unbedingt von Vorteil, wenn man sehr jung aussieht. Deshalb kann hier eine Angabe sinnvoll sein.

Familienstand: Egal ob du verheiratet, ledig oder in einer festen Partnerschaft bist, die Angabe deines Familienstandes in deinem Lebenslauf ist nicht verpflichtend.

Auch musst du nicht angeben, ob du Kinder hast oder nicht, und wie alt diese sind. Trotzdem kannst du diesen Punkt smart für dich nutzen. Bist du zum Beispiel gerade Anfang 30 (ein Alter, in dem ein Großteil der Frauen Kinder bekommen möchte) und hast bereits in deinen frühen Zwanzigern Kinder bekommen und deine Familienplanung abgeschlossen, kannst du diesen Fact zu deinem Vorteil nutzen. Denn dann sind deine Sprösslinge zum Zeitpunkt der Bewerbung bereits aus dem Gröbsten heraus, und potenzielle Arbeitgeber gehen davon aus, dass sie kein »Hindernis« für die Ausübung der ausgeschriebenen Stelle sind.

Du solltest dir aber auch immer vor Augen halten, dass du Unternehmen durch Angabe deines Familienstandes teilweise Einblicke in dein Privatleben und Rückschlüsse auf deine Persönlichkeit ermöglichst. Das kann dir letztendlich sowohl positiv als auch negativ ausgelegt werden. Bist du beispielsweise ledig und hast keine Kinder, signalisierst du damit, dass du wahrscheinlich mobil und zeitlich flexibel bist. Oder hast du kleine Kinder, kann der potenzielle Arbeitgeber schlussfolgern, dass du nicht bereit bist, Überstunden zu machen und wegen ihrer Betreuung öfter ausfallen wirst. Zusammenfassend kannst du dir merken, dass du nur Angaben zu deinem Familienstand machen solltest, wenn diese dir nicht nachteilig ausgelegt werden. Im Zweifelsfall den Familienstand also besser weglassen. Verlobt, zusammenlebend oder in einer Beziehung ist übrigens kein Familienstand. Solange du mit deinem Partner nicht verheiratet bist, steht in deinem Lebenslauf weiterhin ledig. Außerdem solltest du Angaben wie beispielsweise »geschieden« oder »verwitwet« besser weglassen, weil sie dir negativ ausgelegt werden könnten. In Abbildung 6-10 findest du zusammenfassend alle gängigen Formulierungen – und auch welche du besser nicht verwenden solltest – auf einen Blick.

- **ledig**
- **verheiratet**
- **eingetragene Lebenspartnerschaft**

- **geschieden**
- **in einer Beziehung**
- **verwitwet**
- **getrennt**
- **verlobt**

Abbildung 6-10: Formulierungen zum Familienstand im Überblick

Nationalität: Wie die meisten Bestandteile im Bereich persönliche Angaben, gehört auch der kleine, aber nicht unwesentliche Teil »Staatsangehörigkeit« zu den freiwilligen Angaben. Hier lohnt es sich besonders, smart zu taktieren und diese Informationen geschickt einzusetzen. Denn wenn dein Vor- oder Nachname den Eindruck erwecken könnte, dass du keine deutsche Staatsbürgerschaft hast, können schnell Bedenken bezüglich einer gültigen Arbeitserlaubnis aufkommen. In diesem Fall lohnt es sich, vorzubeugen und Missverständnisse von vornherein aus dem Weg zu schaffen. Es gibt aber auch noch einen weiteren Fall, in dem dir die Angabe deiner Staatsbürgerschaft von Nutzen sein kann. Möchtest du mit deiner Bewerbung in einem interna tionalen Unternehmen besonders auffallen, weil dir deine Wurzeln dort beste Einstiegsvoraussetzungen (zum Beispiel durch Rückschlüsse auf besondere Sprachkenntnisse) bie-

Abbildung 6-11: Tipps für deine Angaben zur Staatsangehörigkeit

ten, kann die explizite Angabe deiner Staatsangehörigkeit auch ein Türöffner sein. Achte bei der Angabe immer darauf, deine Staatsangehörigkeit als Adjektiv und nicht als Land anzugeben. Abbildung 6-11 zeigt dir die wichtigsten Handlungsempfehlungen auf einen Blick.

Konfession & Zugehörigkeit zu einer Partei: Zunächst solltest du dir immer vor Augen halten, dass deine Religionszugehörigkeit deinen potenziellen Arbeitgeber absolut nichts angeht. Denn genauso wie deine politische Einstellung ist das eine sehr persönliche Information, die du nicht teilen musst. Heutzutage ist es deshalb eher unüblich, seine Religion oder Parteizugehörigkeit im Lebenslauf anzugeben. Denn auch wenn es nicht so sein sollte, kann deine Bewerbung durchaus negativ bewertet werden, wenn dein potenzieller Arbeitgeber deine Weltanschauung nicht teilt. Trotzdem kann es natürlich in einigen Fällen von Vorteil sein, diese Information zu nennen. Das heißt, auch mit diesen Daten kannst du dich im Bewerbungsprozess gezielt besser positionieren. Bewirbst du dich bei politischen oder religiösen Organisationen oder Einrichtungen, hinter denen religiöse oder politische Träger stehen, kann dir dieser Punkt einen Wettbewerbsvorteil verschaffen.

AufgePasst!

Immer wenn du dich auf eine Stelle bewirbst, bei der dir die Angabe deiner Konfession oder einer Parteizugehörigkeit keinen eindeutigen Vorteil verschafft, solltest du auf diese Angabe verzichten. Denn heutzutage ist sie eher unüblich und es kann dadurch der Eindruck entstehen, dass du dich nicht mit aktuellen Bewerbungsanforderungen beschäftigt hast.

Bewerben im Ausland – Was beachten?

Solltest du dich im Ausland bewerben, kannst du gerade im Teil »Persönliche Angaben« viel falsch machen und durch zu viele Informationen dafür sorgen, dass man dir deine Offenheit zum Nachteil auslegt. Ein paar Beispiele zur Orientierung findest du in Abbildung 6-12.

Denn anders als in Deutschland sind zum Beispiel im englischsprachigen Raum anonymisierte Bewerbungen schon seit langer Zeit Standard. Wenn du dort beispielsweise ein Bewerbungsfoto in deinen Lebenslauf eingefügt hast, kann das negativ für dich gewertet werden. Deshalb gilt es vorab unbedingt für dich zu klären, wo genau (Standort des Unternehmens) du dich bewirbst und welche Formalien dort bei deiner Bewerbung zu beachten sind. Bewirbst du dich in Deutschland mit einer englischsprachigen Bewerbung, musst du dir allerdings keine Sorgen machen. Denn dann gelten in der Regel die national gängigen Bestimmungen.

Was gilt wo?

Zielland für Bewerbung	Tipp	Hinweise zum Vorgehen
Vereinigte Staaten	✗	Auf persönliche Details vollkommen verzichten
Frankreich	✓	Handhabung & Erwartung wie in Deutschland
Großbritannien	✗	Auf persönliche Details vollkommen verzichten
Schweiz	✓	Handhabung & Erwartung wie in Deutschland

Abbildung 6-12: Handhabung persönlicher Daten im Ausland

Das perfekte Bewerbungsfoto

Vielen Jobsuchenden graut es beim Gedanken ans Bewerbungsfoto. Sie denken, sie seien nicht fotogen und hätten deshalb deutlich schlechtere Chancen im Bewerbungsprozess als die restlichen Kandidaten. Vollkommen von der Hand zu weisen ist dieser Punkt nicht, da attraktive Menschen nachweislich im Job auch häufig als kompetenter wahrgenommen werden. Trotzdem sollte man mit sich selbst an dieser Stelle nicht zu kritisch sein. Ein professionelles Bild, auf dem die Person mit einem freundlichen Lächeln und einer offenen Haltung in die Kamera blickt, kommt im Regelfall immer besser an, als eine Bewerbung ohne Foto. Denn wir Menschen wissen gerne, mit wem wir es zu tun haben.

Abbildung 6-13: Tipps für ein überzeugendes Bewerbungsfoto

Es lohnt sich immer, hier ein bisschen Geld in die Hand zu nehmen und für das Bild zu einem professionellen Fotografen zu gehen, der auf Bewerbungsfotos spezialisiert ist. Er weiß auch, worauf es bei einem guten Bild wirklich ankommt und berücksichtigt die Must-haves für überzeugende Bewerbungsbilder (siehe Abbildung 6-13). Wichtig ist bei deinem Foto auch, dass du auf dem Schirm hast, wo du dich damit bewerben möchtest, damit der Stil des Bildes zur Branche und dem angestrebten Job passt.

In Abbildung 6-14 findest du vier Beispiele dafür, wie unterschiedlich Bilder für Bewerbungen aussehen können. Ein gepflegter Eindruck ist natürlich ein Muss. Und achte auf eine positive, offene Körpersprache. Denn auch sie beeinflusst die gesamte Wirkung des Fotos. Streng verschränkte Arme sind dabei nicht optimal.

Wie schaut's aus?

Beispiel 1: leger, modern und locker für eine Bewerbung bei einem jungen Start-Up

Beispiel 2: konservativ, streng und zuverlässig als Steueranwalt in einer Großkanzlei

Beispiel 3: Business Casual mit schlichtem Hintergrund für Job im Marketing beim Mittelstand

Beispiel 4: neugierig, genau und zielorientiert als Chemikerin in Kosmetikkonzern

Abbildung 6-14: Beispiele für Bewerbungsfotos

Falls du dich fragst, welchen Kleidungsstil du bestenfalls für dein Bewerbungsfoto wählen solltest, kannst du einfach mal einen Blick auf die Webseiten von Unternehmen deiner Zielbranche werfen. Wenn du dich daran orientierst, wie die Menschen dort gekleidet sind, kannst du gar nicht viel falsch machen. Und wenn du einmal beim Fotografen bist, lass gerne eine super schicke und eine eher legere Variante von Bildern machen. So hast du eine größere Auswahl.

AufgePasst!

Umfragen unter Personalern haben gezeigt, dass Bewerbungen mit Foto höhere Erfolgschancen im Prozess haben. Also merke dir Folgendes: Auch wenn das Bewerbungsfoto kein Pflichtbestandteil deiner Unterlagen ist, nutzt du bestenfalls trotzdem immer ein professionelles Bild von dir, solange es nicht explizit (wie bei manchen Behörden) unerwünscht ist.

Typische Fehler und wie du es besser machst

In Abbildung 6-15 findest du fünf häufige Fehler, die einer Vielzahl von Bewerbenden immer wieder unterlaufen. Die meisten von ihnen sind Formfehler und somit ein Zeichen für fehlende Professionalität. Aus Mangel an qualifizierten Bewerbenden drücken viele Personaler bei diesen »Schusselfehlern« auch mal ein Auge zu. Aber der letzte hier aufgezeigte Fehler ist in der Regel ein knallhartes Ausschlusskriterium. Also gut aufgepasst!

Auch wenn du etwas Platz sparen möchtest, solltest du niemals nur Abkürzungen deines Vor- oder Nachnamens verwenden. Tust du es doch, wirkt es schnell unprofessionell. Außerdem handelt es sich hierbei um einen formalen Fehler in deinen Unterlagen.

Ähnliches gilt auch für die Angabe der Adresse. Kurzformen sollten in jedem Fall vermieden werden, um Verwechslungen auszuschließen. Stell dir vor, deine Unterlagen haben überzeugt und dann kannst du telefonisch für Nachfragen nicht erreicht werden, weil du deine Telefonnummer nicht korrekt angegeben hast. Diesen ärgerlichen Fehler kannst du ebenfalls leicht vermeiden. In der Kommunikation mit Freunden und Familie klingt es vielleicht lustig, trotzdem solltest du für Bewerbungen ausschließlich auf eine seriös klingende E-Mail-Adresse setzen. Wie das am besten funktioniert, hast du in diesem Buch bereits gelernt.

Bist du gerade frisch geschieden oder von deinem Partner/deiner Partnerin getrennt? Oder hast du vielleicht sehr junge Kinder? Diese Informationen könnten dir im Bewerbungsprozess negativ ausgelegt werden. Deshalb solltest du sie besser nicht angeben. Merke dir Folgendes: Angaben zum Familienstand machst du in der Regel nur, wenn dir diese Informationen dabei helfen können, den angestrebten Job zu bekommen. Gerade bei Frauen sind diese Informationen heikel. Denn auch wenn es nicht so sein sollte, werden Frauen in der Realität aufgrund dieses Parameters häufig bei der Vergabe von Jobs benachteiligt.

Statt so ...	besser so ...
T. Walter Dr. Tine Walter	Tina Walter Dr. Tina Walter
Bergstraße 5 Frankfurt	Bergstraße 5 60312 Frankfurt
789 123456 0175 1234567	040 789 123456 +49 175 1234567
annabay@mail.de crazyann@mail.de	anna.mai@mail.de amai.1981@mail.de
geschieden 2 Kinder (6 Monate)	verheiratet 2 Kinder (12 & 15 Jahre)

Abbildung 6-15: Fehler, die man besser vermeiden sollte

Anwendung in der Praxis

Abbildung 6-16 zeigt dir vier sehr unterschiedliche Beispiele für Angaben zu persönlichen Daten im Lebenslauf. Sie unterscheiden sich sowohl in der Branche als auch in dem Level, auf den sich die Bewerbung bezieht. Außerdem unterscheiden sie sich in Alter und Geschlecht. Auf Anhieb sind keine Unterschiede ersichtlich. Lass uns deshalb mal einen genaueren Blick auf die einzelnen Unterschiede in den Bewerbungen werfen.

Beispiel 1: Jan hat seine Ausbildung zum Verwaltungsfachangestellten in einer Behörde gerade erfolgreich abgeschlossen und möchte in eine größere Stadt umziehen. Deshalb bewirbt er sich in diesem Bereich neu. Er entscheidet sich dafür, nur die Pflichtbestandteile (Name und Kontaktdaten) anzugeben. Auf ein Foto verzichtet er, wie in der Stellenanzeige gefordert, ebenfalls. Damit macht Jan alles richtig. Denn bei staatlichen Einrichtungen ist es häufig aufgrund des AGG nicht erwünscht, dass persönliche Angaben in den Bewerbungsunterlagen zu finden sind.

Beispiel 2: Anna ist Berufseinsteigerin. Sie bewirbt sich auf eine Stelle als Junior Social-Media-Managerin bei einem namenhaften Kosmetikhersteller. Als junge Frau verzichtet sie auf Angaben zu ihrem Alter und Familienstand, um die Aufmerksamkeit nicht unnötig auf diese Fakten zu lenken. Um Unklarheiten zu vermeiden, gibt sie ihre Staatsangehörigkeit an. In den letzten Jahren konnte sie das theoretische Wissen aus dem Studium zum Thema Social Media bereits praktisch anwenden, in dem sie einen Instagram-Account mit großer Reichweite aufgebaut hat. Weil das für den angestrebten Job relevante Praxiserfahrungen sind, entscheidet sie sich dafür, den Link zu ihrem Account anzugeben.

Beispiel 3: Tolga ist ein alter Hase im Berufsleben. Ursprünglich kommt er aus Ankara, lebt aber seit vielen Jahren in Deutschland und konnte dort bereits viel Erfahrung in Führungspositionen sammeln. Er bewirbt sich auf eine Stelle als Vice President im Einkauf. Um Unsicherheiten bezüglich seiner Staatsangehörigkeit und einer vorhandenen Arbeitserlaubnis zu vermeiden, entscheidet er sich dafür, hier eine Angabe zu machen. Außerdem weiß er, dass Familienväter als bessere Führungskräfte wahrgenommen werden. Deshalb erwähnt er ebenfalls, dass er verheiratet ist und zwei Kinder in einem für Arbeitgeber unkomplizierten Alter hat. Tolga möchte zeigen, dass er in der Branche gut vernetzt ist und teilt deshalb ebenfalls den Link zu seinem LinkedIn-Profil, das viele für den neuen Job interessante Kontakte aufzeigt.

Beispiel 4: Theresa bewirbt sich auf eine Stelle als Teamleiterin im Marketing eines katholischen Krankenhauses. Da sie sich in einem für Arbeitgeber unkomplizierten Alter befindet, macht sie hierzu eine Angabe. Denn sie weiß, dass es ihr persönliches Profil in der Bewerbung schärft, wenn sie nicht an unverfänglichen Informationen spart. Sie ist geschieden und hat zwei kleine Kinder, deren Betreuung bestens geregelt ist. Weil sie weiß, dass diese Umstände trotzdem negativ aufgefasst werden könnten, verzichtet sie smart auf eine Angabe ihres Familienstandes. Ihre Nationalität wird ihr nicht negativ ausgelegt werden. Um ihr Profil für Leser noch greifbarer zu machen, gibt sie diese ebenfalls an. In kirchlichen Einrichtungen ist es außerdem häufig erwünscht, dass man einer Konfession angehört. Deshalb macht sie hierzu eine Angabe, um sich einen Vorteil zu verschaffen.

4 Praxisbeispiele

Berufseinsteiger, deutsche Behörde (Minimalversion)

Jan Dornhaus

Bergstraße 38
60312 Frankfurt am Main

+49 69 123456789

Jan.Dornhaus@mail.de

Berufseinsteiger, Junior Social-Media-Manager

Anna Müller

Finkengasse 43
80331 München

+49 173 7654321

Anna.Mueller@mail.de

deutsch

@annamueller

Vice President Einkauf, Automobilzulieferer

Tolga Demir

Kellerstraße 71
80331 München

+49 178 7654321

Tolga.Demir@mail.de

10.Januar 1976
in 06050 Ankara (Türkei)

verheiratet
2 Kinder (9 & 11 Jahre)

türkisch (AE vorhanden)

/tolgademir76

Teamleiterin Marketing, katholisches Krankenhaus

Theresa Mai

Hauptstraße 172
60312 Frankfurt am Main

+49 175 1234567

Theresa.Mai@mail.de

13.November 1984
in 10178 Berlin

deutsch

katholisch

Abbildung 6-16: 4 Praxisbeispiele für persönliche Angaben im CV

6.4 Ein messerscharfes Kompetenzprofil

Nach welchen Kriterien entscheidet sich, ob Bewerbende zum Vorstellungsgespräch eingeladen werden oder eben auch nicht? Zwei stechen dabei maßgeblich heraus – Kompetenzen und Erfahrungen. Wie du Erstere messerscharf auf den ausgeschriebenen Job abstimmst, lernst du an dieser Stelle.

Tipp!

Auch wenn die Stellenanzeige nur sehr dürftig mit Kompetenzanforderungen gespickt ist und du gerade selbst etwas auf dem Schlauch stehst, solltest du dich immer um ein ausgefeiltes Kompetenzprofil im Lebenslauf bemühen. Dafür kannst du auch einfach schnell im Internet recherchieren, welche Kompetenzen für deinen Beruf typisch sind und gebraucht werden. Anschließend durchleuchtest du deine eigenen Fähigkeiten bezüglich dieser Skills und verpackst die vorhandenen Fähigkeiten geschickt in deinem Lebenslauf.

Diesen Bereich platzierst du bestenfalls sehr weit oben in deinem Lebenslauf, damit er auch bei einem schnellen Überfliegen sofort ins Auge fällt. Beachte bei der Erstellung immer, wer deine Unterlagen lesen wird und was derjenige konkret von dir braucht und erwartet. Gerade in diesem Teil deines Lebenslaufs solltest du also in keinem Fall schwafeln oder mit unnötigen Informationen um dich werfen. Bring sehr prägnant und ohne Umschweife auf den Punkt, welche Kompetenzen du für den Job mitbringst. Auch wenn du mit einem ganz besonderen Netzwerk aufwarten kannst, empfiehlt es sich, das hier zu erwähnen.

Welche Arten von Kompetenzen im CV nutzen?

Kompetenzen bzw. Fähigkeiten unterscheidet man in Hard und Soft Skills. Dabei sind Hard Skills ausschließlich fachliche Kompetenzen, die man sich im Laufe der Zeit im Rahmen von Ausbildungen, Weiterbildungen und praktischen beruflichen Stationen aneignet. Sie werden durch Zeugnisse oder Zertifikate bestätigt und lassen sich objektiv messen und bewerten. Bei den Soft Skills hingegen ist das anders. Sie können nur durch subjektive Empfindungen bewertet werden.

Trotzdem gibt es mittlerweile zahlreiche Seminare, in denen Soft Skills geschult und gecoacht werden. Soft Skills sind soziale, persönliche und methodische Kompetenzen, die sich im Laufe des Lebens entwickeln. Sie entstehen im Alltag und lassen sich dort auch sehr gut trainieren. Einige Beispiele für die verschiedenen Arten von Kompetenzen findest du in Abbildung 6-18. Solltest du noch weitere benötigen, um das Thema besser zu durchdringen, wirst du auch schnell bei einer Recherche im Netz dazu fündig. Beachte anschließend bei deiner Ausarbeitung in jedem Fall die in Abbildung 6-17 aufgezeigten Hinweise und berücksichtige sie bei deiner detaillierten Analyse zum Kompetenzprofil.

Abbildung 6-17: Hinweise zur Kompetenzausarbeitung im CV

Beim Thema Fähigkeiten neigen vor allem Frauen und Berufseinsteiger dazu, sich maßlos zu unterschätzen. Sie zweifeln teilweise so stark an ihren Kompetenzen, dass sie sich nicht trauen, diese in ihren Unterlagen plakativ anzupreisen. Solltest du dir bezüglich deiner Skills wirklich unsicher sein, dann zögere nicht, einen zusätzlichen Schritt zu gehen und Menschen in deinem Umfeld (Kollegen, Freunde, Familie) zu fragen, was du ihrer Meinung nach besonders gut kannst und für den Job mitbringst, auf den du dich bewerben möchtest. Durch ihren Abstand zum Thema können sie oft eine wesentlich sachlichere Bewertung deines Könnens abgeben, als du es selbst kannst.

In Abbildung 6-19 sind vier Beispiele für Kompetenzprofile angegeben. Beachte, dass Anforderungen im selben Beruf in unterschiedlichen Firmen verschieden sein können.

Kompetenzarten

Soziale Kompetenz

- Empathie
- Teamfähigkeit
- Kommunikationsstärke
- Menschenkenntnis
- Konfliktfähigkeit
- Kollaboration

Persönliche Kompetenz

- Belastbarkeit
- Neugier
- Flexibilität
- Selbstreflexion
- Leistungsbereitschaft
- Eigenverantwortung

Methodenkompetenz

- logisches Denken
- Rhetorik
- Zeitmanagement
- analytische Fähigkeiten
- Organisationsgeschick
- Selbstmanagement

Fachliche Kompetenz

- Sprachkenntnisse
- IT-Kenntnisse
- Branchenfachwissen
- Fachtermini
- Regeln und Standards
- Trendthemen

Abbildung 6-18: Beispiele für verschiedene Arten von Kompetenzen

4 Praxisbeispiele

Projektleitung in der IT-Branche

- agiles Projektmanagement
- Kundenorientierung
- Stakeholdermanagement
- Organisationstalent
- Kommunikationsstärke
- Teamführung

Experte Kommunikation an einer privaten Hochschule

- Presse- und Öffentlichkeitsarbeit
- Social-Media-Management
- B2C-Marketing
- Crossmediale Contenterstellung
- Storytelling
- Foto- und Videografie

Organisationsentwickler in der Automobilindustrie

- Personalentwicklung
- New Work
- agiles Projektmanagement
- systemisches Coaching
- Change-Management
- Talent-Management

Gesundheitsmanager bei einer Versicherung

- Moderation von Gruppenprozessen
- systemische Beratung
- Organisationsgeschick
- Coaching und Training von Führungskräften
- Beratungskompetenz
- Kommunikationsstärke

Abbildung 6-19: Praxisbeispiele für Kompetenzprofile

6.5 Berufserfahrung – Herzstück des CV

Die meisten Unternehmen würden am liebsten 25-Jährige mit mindestens 15 Jahren relevanter Berufserfahrung einstellen. Das ist natürlich Wunschdenken. Trotzdem schlägt Berufserfahrung alles andere. Deshalb solltest du gerade bei der Erarbeitung dieses Bereichs in deinem Lebenslauf für eine sehr genaue Passung bezüglich der Stellenanzeige sorgen. Das heißt: hier definitiv kein »Copy-and-paste« alter Bewerbungsunterlagen betreiben.

Tipp!

Analysiere deine bisherigen Berufsstationen unbedingt auf mögliche Gemeinsamkeiten mit der von dir angestrebten Stelle. Auch wenn du keine Eins-zu-eins-Übereinstimmungen findest, kannst du Brücken bauen und Tätigkeiten aufzeigen, die ähnlich zu den Zielaufgaben im neuen Job sind.

Schau dir dazu am besten die Beschreibungen deiner künftigen Tätigkeiten in der Jobanzeige an und baue ähnliche Aufgaben, die du in der Vergangenheit erledigt hast, an dieser Stelle ein.

Was gehört in deine Angaben hinein?

Es gibt ein paar Kerninformationen, die dein Bereich Berufserfahrung in jedem Fall enthalten sollte. Du findest in

Abbildung 6-20 eine Übersicht dazu. Zunächst einmal wäre da das Unternehmen, bei dem du gearbeitet hast. Die Beschreibung sollte hierbei sehr eindeutig sein. Wenn du bei der Müller GmbH gearbeitet hast, darf beim Personaler nicht die Frage aufkommen, ob es sich dabei um einen Metzger oder ein Ingenieurbüro handelt. Deshalb nimm dir unbedingt die Zeit und verliere ein paar Worte dazu, in welchem Bereich das Unternehmen tätig ist.

Mach außerdem eine sehr genaue Angabe zum Zeitraum, in dem du für das Unternehmen tätig warst. Dafür eignen sich das Jahr und der zugehörige Monat am besten. Gibst du nur das Jahr an, bekommen Personaler schnell den Eindruck, dass du eine Lücke verstecken möchtest. Deshalb empfiehlt sich die Verwendung dieses Formats nicht.

Die genaue Bezeichnung deiner Position gehört natürlich auch zur Beschreibung deiner Berufserfahrung. Um deine einzelnen Stationen für Außenstehende besser nachvollziehbar zu gestalten, solltest du außerdem die Beschreibung deiner Tätigkeiten bestenfalls um deine Skills und erzielten Erfolge ergänzen. Deine angewandten Fähigkeiten sollten auch hier natürlich wieder mit dem übereinstimmen, was in der ausgeschriebenen Stelle gefordert wird. Das heißt, verschwende deinen Platz nicht mit wahllos zusammengewürfelten Details, sondern passe auch deinen Bereich Berufserfahrung für jede Bewerbung neu an. Das macht zwar etwas Arbeit, lohnt sich aber in jedem Fall, weil du so zeigen kannst, dass du den Job wirklich im Detail verstanden hast.

Abbildung 6-20: Bestandteile deiner Angaben zur Berufserfahrung

Deine Erfahrungen sollten möglichst nachvollziehbar erscheinen und beim Leser den Eindruck erwecken, dass du ein sehr gutes Verständnis für diese Tätigkeit mitbringst. Das erreichst du am leichtesten, wenn du deine Berufserfahrung an Beispielen aufzeigst und grobe Eckpfeiler von Projekten beschreibst, in die du involviert warst. Eine Angabe zu deiner Rolle im Projekt solltest du auch nicht vergessen.

Merke dir Folgendes: Vermeide lose Wortfetzen, die nur noch mehr Fragen beim Leser zurücklassen. Schreibe lieber »Verantwortung für den strategischen Einkauf von mehr als 500 verschiedenen Leiterplattenkomponenten« als nur »Einkauf«. Durch die zusätzlichen Details kann man sich ein genaueres Bild von deinen Fähigkeiten machen und deine

Eignung für den neuen Job besser einschätzen. Du solltest dir immer vor Augen halten, dass Personaler anhand der von dir gelieferten Informationen eine Abschätzung treffen müssen, ob du den Job kannst oder nicht. Es hilft also nicht, wenn du in der Realität perfekt für die ausgeschriebene Stelle geeignet bist, man diese Informationen deinen Unterlagen aber nicht entnehmen kann. Denn niemand kann erahnen, was du tatsächlich draufhast.

Dein Ziel muss es von daher immer sein, es dem Leser so einfach wie möglich zu machen, dich als das perfekte Match zu empfinden. Deshalb ist es für deinen Bewerbungserfolg dienlich, wohldosiert passende Informationen zu liefern. Denn zu viele Informationen lassen keinen Fokus auf deine Kernkompetenzen zu. Dabei sind es genau diese, die dich ins Vorstellungsgespräch bringen. Abbildung 6-21 zeigt auf der einen Seite eine unübersichtliche Ausarbeitung, wie sie heute von einer Vielzahl von Bewerbenden verwendet wird. Auf der anderen Seite siehst du, wie du es übersichtlich und von außen nachvollziehbarer gestalten kannst.

Die Aufbereitung deiner praktischen Erfahrungen darf keine unnötigen Fragen beim Leser hinterlassen. Bestenfalls kann er sich ganz genau vorstellen, was du in der jeweiligen beruflichen Station geleistet hast. Und das sollte sich mit dem decken, was du auch im neuen Job leisten sollst. Dafür ist es wichtig, dass man nicht lange in einer unübersichtlichen Darstellung nach passenden Informationen suchen muss. Die Kerninformationen sollten dem Leser sofort ins Auge fallen.

Statt so …	besser so …
nicht nachvollziehbare Inhalte in Massen liefern	leicht verständlich aufbereitete Infos passgenau zum Job
Müller GmbH seit 09/22 Mitarbeiterin im Einkauf Lieferantenauswahl, Preisverhandlungen, SAP-Datenpflege, Unterstützung Audit, Lieferantenentwicklung, Change Management, Projekteinkauf, Serieneinkauf, PPV, PCO, agile Projektarbeit	**Müller GmbH** seit 09/22 Strategische Einkäuferin Chemieindustrie (> 500 MA) **Serieneinkauf:** Auswahl & Auditierung neuer Lieferanten; Betreuung von 23 Lieferanten für Verpackungsmaterial für mehr als 200 Serienprodukte …

Abbildung 6-21: Oberflächliche Aufzählung vs. passgenaue Beschreibung der Berufserfahrung

In Abbildung 6-22 findest du nun zwei Praxisbeispiele für die Ausgestaltung der Berufserfahrung im Lebenslauf. Auch die passende optische Aufbereitung (z. B. die Verwendung von Fettschrift und Absätzen) deiner Daten kann beim schnellen Lesen unterstützen.

Die Kernanforderungen an den Job wurden hervorgehoben und anschließend detailliert an praktischen Beispielen mit Zahlen und Fakten beschrieben. So können Personaler schnell und einfach entscheiden, wo sie zum Lesen tiefer einsteigen wollen, weil die Inhalte für sie besonders relevant erscheinen. Natürlich wurde auch hier wieder mit den Schlagworten aus der Stellenanzeige und passenden Synonymen gearbeitet.

2 Praxisbeispiele

Sabrina, 37, Literatur- und Sprachwissenschaften (M. A.)
PR-Referentin & Social-Media-Expertin an einer Hochschule

Presse- und Öffentlichkeitsarbeit: Imagepflege, strategische Redaktionsplanung; Contententwicklung (Text, Bild, Video, Grafiken) und Bespielung der unternehmenseigenen Social-Media- und Kommunikationskanäle (monatlich mehr als 500.000 Views); Zusammenarbeit mit Pressevertretern; Organisation und Durchführung von Presseterminen und -konferenzen; Netzwerkpflege

Social-Media-Management und -Marketing: Zielegruppenanalyse; Konzepterstellung für jeweilige Plattformen; Redaktionsplanung und Contententwicklung; Performance Monitoring; Analyse und Reportings; Entwicklung von Image- und Crowdfunding-Kampagnen; Weiterentwicklung des Corporate Design; Eventmanagement; Produktion von: Newslettern, Broschüren, Flyern und Werbeanzeigen; Projektverantwortung für die Entwicklung einer barrierefreien Smartphone-App

Maria, 31, International Management & Psychology (M. Sc.)
Organisationsentwicklerin in der Automobilindustrie

Change Management: Planung und Steuerung von Digitalisierungsinitiativen; Organisation, inhaltliche Vorbereitung und Moderation von Netzwerktreffen (>200 Teilnehmer); Verantwortung für die Einführung von digitalen agilen Tools, Methoden und Austauschformaten

Personalentwicklung: Erarbeitung strategischer Konzepte im Bereich Talent-Management, Nachfolgeplanung und Führungskräfteentwicklung; Entwicklung und Umsetzung von Talent-Initiativen für Potenzialtragende, Analyse von Trainingsbedarfen und relevanten KPI, Coaching und Beratung von Führungskräften und Mitarbeitenden, Weiterentwicklung von mehr als 50 verschiedenen Trainingsangeboten für Programmingenieure

Projektmanagement: Projektleitung für die Steuerung der (Re-)Zertifizierung im Bereich Vereinbarkeit von Beruf und Familie; Kommunikation mit externen Dienstleistern; Steuerung von Projektgruppen und Schnittstelle zu diversen Stakeholdern; Kosten- und Terminüberwachung

Abbildung 6-22: Praxisbeispiele für die Angabe von Berufserfahrung

6.6 Darstellung deines Bildungsweges

Ausbildung, Bildungsweg oder schulischer Werdegang. Welche dieser Bezeichnungen du letztendlich für deine Ausarbeitungen wählst, ist ganz dir überlassen und am Ende reine Geschmackssache. Viel wichtiger ist, dass du die typischen Fehler vermeidest, die eine Vielzahl an Bewerbenden noch immer macht, und dass du auf die Verwendung des richtigen Formats achtest.

AufgePasst!

In deinen Lebenslauf gehört immer nur dein höchster Schul- bzw. Bildungsabschluss. Das heißt, auch wenn du im Verlauf deines Bildungspfades die Bildungseinrichtungen gewechselt hast, ist am Ende nur ausschlaggebend, wo du deinen höchsten Abschluss gemacht hast. Wo du in der Grundschule warst, gehört also in keinem Fall in deinen Lebenslauf – auch dann nicht, wenn du dich um eine klassische Ausbildung bewirbst. Wenn du dich noch recht weit am Anfang deines Berufslebens befindest, darfst du allerdings auch deinen höchsten Schulabschluss und deine weitere Ausbildung, wie zum Beispiel eine Berufsausbildung und/oder den höchsten Studienabschluss, angeben, um deine Entwicklung und deine Schwerpunkte für Außenstehende nachvollziehbarer aufzuzeigen.

In diesen Abschnitt gehören Stationen wie Schule, Ausbildung und/oder Studium sowie größere Weiterbildungen, bei denen du einen beruflichen Abschluss erwirkst. Siehe dazu auch Abbildung 6-23. Kleinere Weiterbildungen, Seminare, Kurse und Ähnliches finden im separaten Abschnitt »Weiterbildungen« ihren Platz.

Abbildung 6-23: Bestandteile deines Bildungspfades

Auch in diesem Bereich solltest du nicht einfach immer stur denselben Inhalt für verschiedene Bewerbungen verwenden. Natürlich ändert sich nicht, was du gelernt hast. Aber du kannst je nach Anforderungen an den Job verschiedene Schwerpunkte hervorheben. Dein Bildungsweg zeigt, ob du auch wirklich die fachliche Qualifikation für den Job mitbringst. Denn Motivation allein reicht meist nicht aus.

Wie sieht es mit den Noten aus? Nennen oder weglassen? Da gibt es kein richtig oder falsch. Aber wenn du dich dafür entscheidest, solltest du es einheitlich handhaben. Das heißt: Hast du in dem einen Abschluss eine sehr gute Note und willst diese unbedingt aufzeigen, musst du in den sauren Apfel beißen und auch bei deinen weiteren Abschlüssen deine vielleicht nicht so gute Note angeben. Wie beim Rest deiner Angaben im Lebenslauf verwendest du auch für deinen Bildungsweg eine antichronologische Darstellung. Dein letzter Abschluss wird demnach zuerst genannt.

Wie das in der Praxis aussehen kann, zeigen dir die drei Beispiele aus Abbildung 6-24. Dort haben wir einmal einen Young Professional, eine Abiturientin und einen Berufserfahrenen. Letzterer gibt seinen Schulabschluss nicht mehr extra mit an, weil dieser mit elf Jahren Berufserfahrung und einem Diplom im Wirtschaftsingenieurwesen nicht mehr für die angestrebte Stelle relevant ist. Wenn du eine klassische Berufsausbildung im dualen System gemacht hast, vergiss nicht, auch den praktischen Teil im Bereich Berufserfahrung aufzuzeigen. Das machst du genauso, wie du es im Kapitel Berufserfahrung gelernt hast. Im Bereich Bildungsweg nennst du dann die Berufsschule.

3 Praxisbeispiele

Jan, 26, Literatur- und Sprachwissenschaften (M. A.)
2 Jahre Berufserfahrung
Bewerbung als Social-Media-Manager an privater Hochschule

Julius-Maximilians-Universität Würzburg **10/2019 - 02/2021**
Literatur- und Medienpraxis & Anglophone Studies (M.A.)
Schwerpunkte: Zeitungspraxis, Verlagspraxis, Radiopraxis, Videopraxis, American Studies

Friedrich-von-Hardenberg-Gymnasium Hof **09/2007 - 05/2015**
Allgemeine Hochschulreife
Leistungskurse: Mathematik und Englisch

Maria, 18, Allgemeine Hochschulreife
keine Berufserfahrung
Bewerbung für Ausbildung zur Bankkauffrau

Anne-Frank-Gymnasium München **09/2015 - 05/2023**
Allgemeine Hochschulreife
Leistungskurse: Mathematik und Wirtschaft

Thomas, 38, Diplom Wirtschaftsingenieur
11 Jahre Berufserfahrung
Bewerbung als Entwickler in der Automobilindustrie

Technische Hochschule Ilmenau **10/2004 - 02/2009**
Wirtschaftsingenieurwesen (Diplom)
Schwerpunkte: Maschinenbau, Supply Chain Management

Abbildung 6-24: Praxisbeispiele für verschiedene Bildungswege

6.7 Relevante Weiterbildungen aufzeigen

Fokus. Fokus. Fokus. Weniger ist auch beim Thema Weiterbildungen oft mehr. Vor allem Frauen zweifeln oft an ihren Fähigkeiten und Qualifikationen, was sie dazu treibt, eine Weiterbildung nach der anderen zu absolvieren und dann natürlich auch jede einzelne von ihnen in ihrem Lebenslauf aufzuzählen. Genau das ist der falsche Weg in der Ausarbeitung des Lebenslaufs.

Untersuche deine verschiedenen Weiterbildungen auf gemeinsame Schnittmengen mit der Stellenausschreibung. Die von dir gefundenen Gemeinsamkeiten zeigst du dann in der Aufbereitung deines Bereichs »Weiterbildungen« auf. Die formale Darstellung orientiert sich daran, wie du deinen Bereich »Bildungsweg« gestaltet hast. Hier sollte es im verwendeten Stil keine Unterschiede geben. Relevante Schwerpunkte und Inhalte deiner Weiterbildung solltest du hier ebenfalls näher ausführen.

Aber Achtung: Natürlich sollst du es nicht übertreiben. Wenn du plötzlich eine halbe Seite zusätzliche Beschreibung für eine Weiterbildung in deinem Lebenslauf stehen hast, ist das definitiv zu viel. Zwei bis vier Stichpunkte reichen vollkommen aus. In Abbildung 6-25 findest du verschiedene Beispiele für typische Weiterbildungsmöglichkeiten. Viele Bewerbende haben es nicht auf dem Schirm, aber auch der Besuch von besonderen Fachtagungen gehört in diesen Bereich. Denn auch hier werden in der Regel fachliche Inhalte präsentiert.

Abbildung 6-25: Beispiele für Weiterbildungsmöglichkeiten

Sind Weiterbildung und Fortbildung eigentlich dasselbe? Nein! Eine Fortbildung dient in der Regel dazu, sich für den bestehenden Beruf weitere Kenntnisse und Fähigkeiten anzueignen und diese für den beruflichen Aufstieg zu nutzen. Eine Weiterbildung hingegen richtet sich an Fähigkeiten und Qualifikationen unabhängig vom Beruf, den du bisher ausgeübt hast. Sie vermittelt vollkommen neue Kenntnisse (siehe Abbildung 6-26). Für Berufsanfänger oder auch Quereinsteiger können beide Formen eine Art Sprungbrett sein, um die Passung zum angestrebten Traumjob zu erhöhen.

Falls du dich mal in einer beruflichen Auszeit befinden solltest, können Fort- und Weiterbildungen außerdem dazu genutzt werden, um die klassische Lücke im Lebenslauf zu vermeiden.

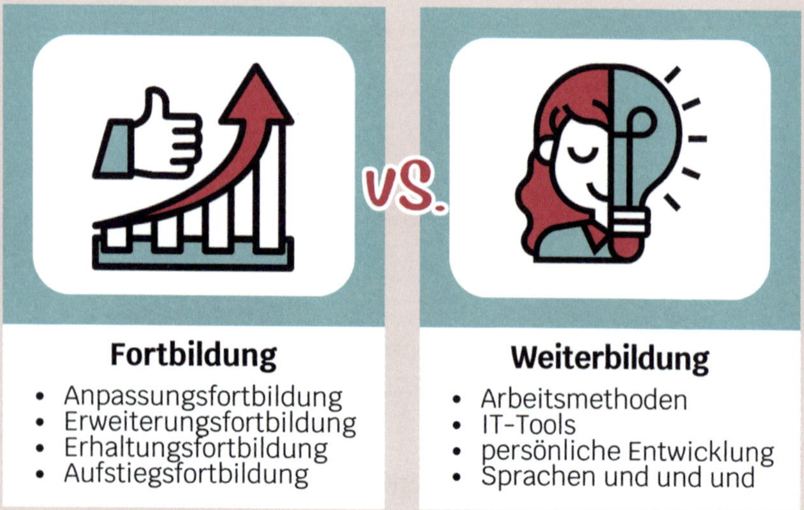

Abbildung 6-26: Weiterbildung vs. Fortbildung

Aber auch als »alter Hase« im Berufsleben solltest du den Bereich Weiterbildung nicht unterschätzen. Hast du beispielsweise in den letzten fünf Jahren keine einzige gemacht, lässt das schnell darauf schließen, dass du nicht auf deine Weiterentwicklung achtest und vielleicht nicht auf Veränderungen am Markt oder in der Branche reagieren kannst. Denke also immer daran, dich regelmäßig weiterzubilden und auch mal etwas Neues auszuprobieren. Das wird dir in deiner Bewerbung positiv ausgelegt.

In Abbildung 6-27 siehst du, wie du deine Weiterbildungen am besten in deinem Lebenslauf darstellst und auch, wie du es besser nicht machen solltest. Oft von Bewerbenden gemacht, aber ohne viel Aussagekraft, siehst du auf der linken Seite eine zusammenhanglose Aufzählung von Weiterbildungen. Diese Art der Darstellung kann negativen Einfluss auf deinen Bewerbungserfolg haben. Denn zum einen entsteht dann schnell der Eindruck, dass du gar nicht verstanden hast, was das Unternehmen wirklich sucht. Aber es geschieht auch noch etwas ganz anderes. Wenn du tatsächlich so viele Weiterbildungen gemacht hast, wann hattest du denn die Zeit dafür, dieses theoretische Wissen auch in der Praxis anzuwenden und zu verfestigen? Man wird dir nicht glauben, dass du das Gelernte auch in der Praxis beherrschst. Theoretisches Wissen ist gut, aber die praktische Umsetzung wird dich viel weiterbringen. Deshalb sind auch deine gemachten Erfahrungen wichtig. Fokussiere dich auf das, was es wirklich braucht.

Statt so …	besser so …
Alles inhaltsleer aufzählen, was du je gemacht hast	Ausgewählte Stationen aufzeigen und Schwerpunkte hervorheben
Excelkurs 09/23 SAP R3-Kurs 05/23 VBA-Kurs 01/23 Leadership-Kurs 10/22 Rhetorik-Kurs 03/22 Resilienz-Seminar 11/21	**Leadership-Kurs** 10/22 Female Leadership School Führungstheorie, Rollenbilder, Kommunikation im Team, Zielformulierung, Projektmanagement-Techniken

Abbildung 6-27: Weiterbildungen im Lebenslauf richtig angeben

6.8 IT-Skills und weitere Tool-Kenntnisse

An dieser Stelle lernst du, wie du die für den Job wirklich benötigten IT-Skills richtig in deinem Lebenslauf verpackst. Du liest es wahrscheinlich schon heraus. Es geht auch in diesem Bereich deiner Unterlagen nicht darum, einfach alle Tools anzugeben, mit denen du in deinem Leben bereits zu tun hattest. Fokussiere dich unbedingt auf die Anwendungskenntnisse, die du für deinen angestrebten Job später tatsächlich brauchst. Wenn du dich auf eine Stelle im Controlling bewirbst, ist es beispielsweise völlig unerheblich, ob du hervorragende Kenntnisse eines bestimmten Videoschnittprogramms mitbringst. Bewirbst du dich allerdings auf einen Job als Social Media Creator, bringt dir das in der Regel Pluspunkte ein. Du siehst, auch hier gilt »Klasse statt Masse«. Denn sonst lenkst du den Fokus von den wichtigsten Inhalten weg.

Tipp!

Falls in der Stellenanzeige nur wenige konkrete Angaben zu IT-Skills gemacht wurden, recherchiere unbedingt, welche Tools in deinem Beruf üblich sind. Gleiche die Ergebnisse anschließend mit deinen gemachten Erfahrungen in bisherigen Jobs ab. So kannst du zeigen, dass du den Job verstanden hast und alles Relevante mitbringst, auch wenn die Ausschreibung des Jobs etwas dürftig war.

Abbildung 6-28: Beispiele für IT-Skills-Profile verschiedener Berufe

Die Menge an IT-Skills, die du in deinem Lebenslauf angeben solltest, kann von Beruf zu Beruf stark variieren. Als Faustregel kannst du dir merken, dass du mit vier bis acht Angaben in einem guten Bereich liegst. Solltest du in einem Job arbeiten, in dem du nur wenig am Schreibtisch sitzt und kaum mit Computern in Berührung kommst, ist es selbstverständlich, dass du hier nur wenige Angaben platzierst. Auch solltest du es wieder einmal nicht übertreiben.

Du bist ein Computergenie und bringst Kenntnisse in mehr als 20 verschiedenen Tools mit? Das ist klasse und wird dir sehr im Berufsleben weiterhelfen. Trotzdem werden mit Sicherheit nicht all diese Kenntnisse in dem von dir angestrebten Job benötigt. Also zeige wie gewohnt nur die wirklich relevanten Skills auf. Denn wenn du hier wild durcheinander Unmengen an Kenntnissen aufzeigst, entsteht schnell der Eindruck, dass du die Anforderungen an den Job nicht verstanden hast.

Wie du in Abbildung 6-29 sehen kannst, geht es bei IT-Kenntnissen nicht allein um reine Programmkenntnisse gängiger Software. Hierbei sollst du auch Angaben über deine Fähigkeiten im Umgang mit weiteren digitalen Tools und Medien machen. Auch deine Programmierkenntnisse, falls vorhanden und benötigt, finden hier Platz. Klassische Angaben im Bereich IT-Skills stellen die verschiedenen Büroanwendungen dar, die beispielsweise Textverarbeitung, Präsentationserstellung und E-Mail-Verkehr ermöglichen. Zu ihnen zählen sämtliche Office-Anwendungen der verschiedenen Anbieter am Markt. Kenntnisse zu diesen Tools werden beinahe ausnahmslos für alle Bürojobs benötigt. Außerdem gibt es natürlich auch noch berufsgruppenspezifische Tools wie zum Beispiel CAD-Programme für Konstrukteure und Grafik-Tools für Mediengestalter.

Aufgepasst!

Vergiss nicht, auch eine Einschätzung deines Kenntnisstandes zu den einzelnen IT-Skills abzugeben. Eine Bewertungsskala von 1 bis 5, wobei 1 wenige Kenntnisse und 5 Expertenniveau darstellen, eignet sich hierfür ausgezeichnet. Natürlich ist die eigene Einschätzung deiner Fähigkeiten in diesem Bereich häufig sehr subjektiv und keine 100-prozentige Darstellung der Realität. Trotzdem ermöglicht sie Personalern, deine Skills einzuordnen. Bist du beispielsweise mit einem Tool nur wenig vertraut, macht das einen erheblichen Unterschied, wenn Profi-Kenntnisse für das Tool benötigt werden.

Falls du für eine relevante Anforderung im Bereich IT-Kenntnisse bisher nicht einmal Grundlagenkenntnisse hast, empfiehlt es sich, einen solchen Grundlagenkurs zu absolvieren. Er dauert in der Regel nur wenige Stunden und kann auch bequem von zu Hause aus gemacht werden. Heute gibt es zu den meisten Tools Einsteiger-Mini-Online-Kurse, die wichtiges Grundlagenwissen kompakt vermitteln – ein Zertifikat gibt‘s dafür oft auch.

Projektleitung Elektronikentwicklung IT-Branche

Jira	●●●●●
Excel	●●●●●
MS Teams	●●●●●
SAP R3	●●●●○
Creo	●●○○○
Business Warehouse	●●●●○
Python	●●●○○

Social-Media-Manager an einer privaten Hochschule

Photoshop	●●●●●
InDesign	●●●●○
Google Analytics	●●●●●
LinkedIn	●●●●●
Instagram	●●●●●
Premiere Pro	●●●○○
asana	●●○○○

Produktdesigner in der Automobilindustrie

Creo	●●●●●
Excel	●●●●○
BEARINX	●●●●●
SAP R3	●●●○○
MS Teams	●●●●○
MS Project	●●○○○
ProE Windchill	●●●●●

Salesmanager bei einer KFZ-Versicherung

MD CRM	●●●●●
SAP R3	●●●●●
Business Warehouse	●●●●○
asana	●●○○○
PowerPoint	●●●●●
Excel	●●●●○
MS Teams	●●●●●

Abbildung 6-29: Beispiele für IT-Skills-Profile verschiedener Berufe

6.9 Deine relevanten Sprachkenntnisse

Lohnt es sich, einen Minisprachkurs für Chinesisch, an dem du vor zehn Jahren teilgenommen hast, im Lebenslauf zu erwähnen? Und reichen deine Englischkenntnisse für deinen Traumjob aus? Das und noch viel mehr erfährst du in diesem Abschnitt.

Falls du dir unsicher bist, auf welchem Level du eine Fremdsprache beherrschst, kannst du dich an den Sprachniveaus aus Abbildung 6-30 orientieren. Sie sind internationaler Standard und sind deshalb bei Personalern bekannt. Bei Bedarf kannst du auch kurz einen Test im Internet machen, um deine Skills abzufragen.

AufgePasst!

Vermeide in jedem Fall maßlose Übertreibungen bezüglich deiner sprachlichen Fähigkeiten. Denn spätestens im Vorstellungsgespräch kann das peinlich für dich enden, wenn du dann plötzlich ein komplexes Gespräch auf Spanisch führen sollst, aber seit deinem Spanisch-Anfängerkurs vor 10 Jahren nichts mehr mit der Sprache zu tun hattest.

Bei der Angabe deiner Sprachkenntnisse solltest du dich immer fragen, wie du sie in deinem künftigen Job anwenden kannst und musst. Wenn du beispielsweise ganz passabel Chinesisch sprichst, aber absehbar ist, dass du diese Sprache in deiner Tätigkeit niemals nutzen kannst, musst du sie nicht extra in deinem Lebenslauf hervorheben und dafür kostbaren Platz verschwenden. Hinzu kommt, dass solche Nebensächlichkeiten von den wichtigen Informationen ablenken können. Häufig werden in Stellenanzeigen nur fließende Englischkenntnisse gefordert. Dann ist es offensichtlich, dass du Angaben dazu machen solltest. Trotzdem kann es sich lohnen, weitere Fremdsprachenkenntnisse anzugeben, wenn ein Unternehmen international agiert. Wirf also gerne mal einen Blick auf die Webseite des Unternehmens und finde heraus, wo es weitere Standorte hat oder wo die wichtigsten Kunden ansässig sind. Ist einer dabei, der sehr gut zu deinen Sprachkenntnissen passt, kannst du diese Sprachkenntnis auch mit in deinen Lebenslauf aufnehmen.

Gerade Frauen tun sich oft sehr schwer damit, ihre sprachlichen Fähigkeiten realistisch einzuschätzen und bewerten ihre Kenntnisse deutlich schlechter, als sie tatsächlich sind. Auch wenn in einer Stellenausschreibung verhandlungssichere Englischkenntnisse gefordert werden, solltest du dich immer fragen, wozu diese Kenntnisse im Job tatsächlich benötigt werden und was du mit ihnen bewältigen können musst. Denn in der Regel sind in Deutschland (vor allem bei jüngeren Generationen) die Englischkenntnisse gut genug, um auf internationaler Ebene verständlich kommunizieren zu können. Hinzu kommt, dass man im Joballtag auch sehr schnell wieder Übung und Sicherheit im Sprechen bekommt. Von daher: Nicht aus Angst vor der Herausforderung die eigenen Fähigkeiten schlechter einstufen, als sie sind. Das kann schnell zu einer Absage führen.

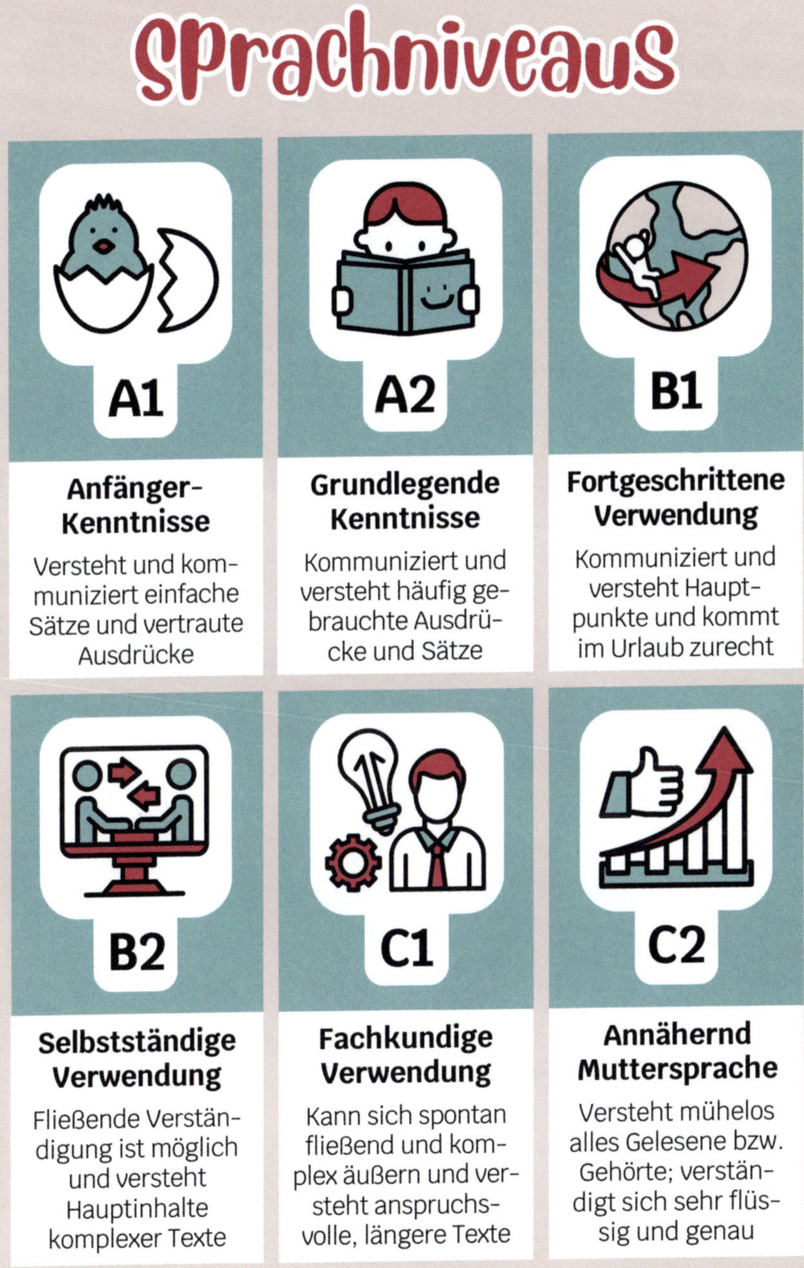

Abbildung 6-30: Übersicht der grundlegenden Sprachlevels

Tipp!

Falls du dich bei der Darstellung deiner Sprachkenntnisse für eine grafische Aufbereitung entscheidest, vergiss nicht, dein jeweiliges Level auch nochmal in Textform anzugeben. So vermeidest du Unklarheiten beim Personaler und auch ein ATS kann deine Fähigkeiten »lesen« und entsprechend einordnen bzw. bewerten.

Anwendung in der Praxis

In den folgenden vier Beispielen siehst du, wie die praktische Umsetzung gestaltet werden kann und warum die gewählte Ausführung verwendet wurde.

Beispiel 1: Als Key-Account-Manager bei einem spanischen Automobilhersteller, der für die Vertriebsregionen Deutschland und Spanien verantwortlich ist, sind verhandlungssichere Kenntnisse in beiden Sprachen zwingend erforderlich. In der Regel muss man zusätzlich mit den Entwicklungsabteilungen weltweit kommunizieren können, weshalb zusätzlich noch mindestens fließende Kenntnisse in Englisch gebraucht werden.

Beispiel 2: Für Übersetzer in deutschen Unternehmen mit Verantwortungsbereichen Spanisch, Russisch und Englisch werden sehr gute Sprachkenntnisse in allen vier Sprachen vorausgesetzt.

Beispiel 3: In einem weltweit agierenden russischen Konzern kommt man mit verhandlungssicheren Englischkenntnissen immer ausreichend weit. Trotzdem bringt es Pluspunkte, wenn man mit den russischen Kollegen in deren Sprache kommunizieren kann.

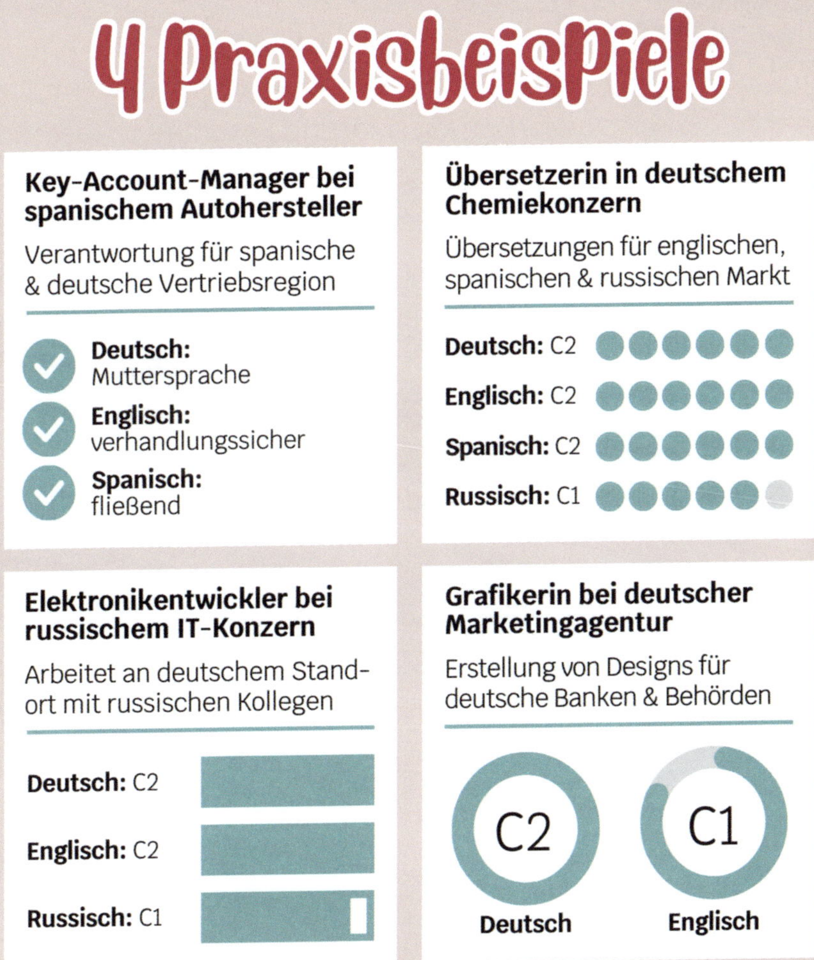

Abbildung 6-31: Praxisbeispiele für die Darstellung im Lebenslauf

Beispiel 4: Wenn die Zielgruppe ausschließlich auf dem deutschen Markt agiert und kaum internationale Kommunikation benötigt wird, sind zusätzlich zum Deutsch gute Englischkenntnisse ausreichend.

6.10 Weitere praktische Erfahrungen

Dieser Bereich deines Lebenslaufs ist optional und wird spätestens dann nicht mehr benötigt, sobald du einmal ausreichend reguläre Berufserfahrung gesammelt hast. Als Daumenwert kannst du hierbei fünf Jahre Berufserfahrung in einem Job oder zwei bis drei verschiedene Stationen annehmen. Wie in allen anderen Bereichen deiner Bewerbung gilt hier ebenfalls, dass du natürlich nur relevante Stationen und Fähigkeiten aufzeigst. Der Ferienjob in der neunten Klasse im Fitnessstudio interessiert also niemanden mehr, wenn du dich um eine Einsteigerstelle im Ingenieursbereich nach Beendigung deines Studiums bewerben möchtest.

In Abbildung 6-32 findest du typische Beispiele für Tätigkeiten, die in diesem Bereich deines Lebenslaufs ihren Platz finden können. Wie im Teil Berufserfahrung gibst du auch hier Folgendes an: Was? Wann? Wo? Die für den von dir angestrebten Job relevanten Anforderungen hebst du hervor und belegst sie an Beispielen. In Abbildung 6-33 findest du außerdem zur Wiederholung nochmal zwei Praxisbeispiele dafür, wie der Bereich »Weitere praktische Erfahrungen« in deinem Lebenslauf aussehen könnte. Die Aufbereitung deiner Informationen unterscheidet sich in der Darstellung nicht von der Darstellung deiner regulären Berufserfahrung – egal ob Praktika, Ferienjobs, eine Werkstudententätigkeit oder auch ein Minijob. Das Wichtigste ist wie immer, dass du dich fragst, welche Tätigkeiten du ausgeübt hast oder welche Skills du dir an dieser Stelle aneignen konntest, die auch in dem Job benötigt werden, für den du dich bewerben möchtest. Nutze diesen Bereich also bitte nicht dazu, um deine Seiten irgendwie zu befüllen.

Was gehört dazu?

Abbildung 6-32: Übersicht sonstiger praktischer Erfahrungen

2 Praxisbeispiele

Jan, 26, Literatur- und Sprachwissenschaften (M. A.)
Bewerbung für Social-Media-Manager an privater Hochschule

Praktikant Social-Media-Management **01/2016 - 07/2016**
Radio Erlangen I Erlangen

Social-Media-Management: Konzepterstellung für den Facebook-Auftritt des Radios; Zielgruppenanalyse; Redaktionsplanung; Contenterstellung; Monitoring; wissenschaftl. Analyse im Rahmen meiner Masterarbeit

Lokalredaktion: Durchführung redaktioneller Recherchen; redaktionelle Zuarbeit: Wahrnehmung von Presseterminen und Durchführung von Interviews; Produktion von Beiträgen

Marina, 29, International Management & Psychology (M. Sc.)
Bewerbung als Talent-Managerin Automotive

Werkstudentin Talent-Management **02/2014 - 01/2015**
Autohersteller XYZ I Stuttgart

Talent-Management: Aufbereitung und Datenabgleich von Inhalten aus Team-Reviews; Erstellung und Aktualisierung von Staffing-Boards; Unterstützung in der Entwicklung von Talent-Initiativen

Führungskräfteentwicklung: Weiterentwicklung von Personalentwicklungsinstrumenten; Überarbeitung aktueller Seminarkonzepte in Anlehnung an aktuelle Führungsleitlinien

Abbildung 6-33: Praxisbeispiele für die Darstellung im Lebenslauf

6.11 Ehrenamtliche Tätigkeit im Lebenslauf

Du bist schon lange ehrenamtlich unterwegs und engagierst dich so für unsere Gesellschaft? Klasse! Wenn dein Platzkontingent es noch zulässt, solltest du dazu auf jeden Fall ein paar Worte in deinem Lebenslauf verlieren. Denn damit zeigst du, dass du über den Tellerrand hinausschaust, nicht nur an dich denkst und auch gut im Team arbeiten kannst. Soziales Engagement spricht für eine ausgeglichene Persönlichkeit, die sich sehr wahrscheinlich auch im Job engagiert und vielfältig belastbar ist. Ein paar Beispiele für Engagement, das als ehrenamtliche Tätigkeit gilt, findest du in Abbildung 6-34. Das THW und die Freiwillige Feuerwehr sind dabei die bekannten Klassiker. Aber auch eine Trainertätigkeit in einem Sportverein zählt dazu. Genauso wie Hilfe beim Roten Kreuz, Engagement im Tierschutz oder auch kirchliche Ehrenämter.

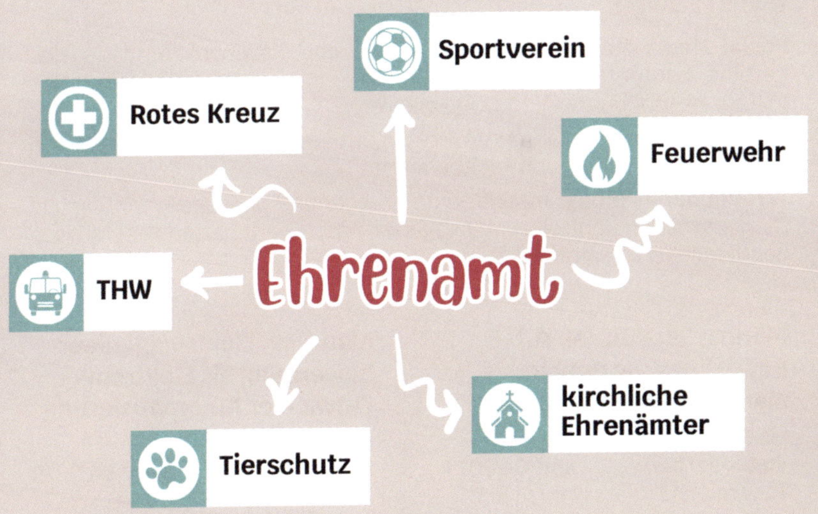

Abbildung 6-34: Beispiele für ehrenamtliche Tätigkeiten

Du weißt nicht, ob es sich bei deiner Tätigkeit um ein Ehrenamt handelt? Generell kannst du dir merken, dass eine ehrenamtliche Tätigkeit die folgenden vier Kriterien erfüllen muss: Zum einen muss diese Tätigkeit freiwillig erfolgen.

Sie verfolgt altruistische Motive. Du darfst dafür natürlich nicht bezahlt werden. Auch sollte diese Tätigkeit nebenberuflich ausgerichtet sein und keinem normalen Angestelltenjob entsprechen. Gib nicht mehr als drei Ehrenämter an.

3 Praxisbeispiele

Jan, 26, Literatur- und Sprachwissenschaften (M. A.)
Bewerbung für Social-Media-Manager an privater Hochschule

Kassenwart und Pressesprecher **seit 02/2016**
TSV05 I Erlangen

Social-Media-Management: Erstellung des Facebook-Auftritts des Vereins; Contentplanung und -erstellung; Betreuung und Aufbau des Instagram-Accounts (> 10.000 Follower)

Lokalredaktion: Teilnahme an Presseterminen und Durchführung von Interviews; Erstellung von Fachbeiträgen

Terminüberwachung: fristgerechte Abrechnung und Überwachung von Betriebskosten; Kontrolle von Ausgaben nach vereinbarten Beschlüssen der Mitgliederversammlung

Marina, 29, BWL (M. A.)
Bewerbung als Projekt-Managerin Automotive

Jugendarbeit **seit 04/2019**
Bayerisches Rotes Kreuz I Roth

Projektmanagement: Planung, Organisation, Kostenüberwachung und Moderation von Events und weiteren Austauschplattformen für junge Erwachsene und Kinder; Auswertung aller relevanten Projektparameter

Klaus, 49, Elektroingenieur
Bewerbung als Elektronik-Entwickler Automatisierung

Fachberater **seit 04/2019**
THW I Baiersdorf

Technische Beratung und Überwachung: Gefahrenbeseitigung an Hochspannungsanlagen; THW-Mitglieder im Umgang mit Strom unterweisen; Stromversorgungsnetze aufbauen und in Betrieb nehmen

Abbildung 6-35: Praxisbeispiele für die Darstellung im Lebenslauf

Beispiele für die Darstellung im Lebenslauf findest du in Abbildung 6-35. Solltest du keinen Platz mehr für einen eigenen Bereich im Lebenslauf haben, kannst du deine ehrenamtliche Tätigkeit auch unter »Persönliche Interessen« oder »Weitere praktische Tätigkeiten« nennen. Letztendlich kommt es darauf an, wie detailliert du auf diese Tätigkeit in deinen Unterlagen eingehen willst.

6.12 Persönliche Interessen und Hobbys

Persönlichkeit in der Bewerbung zeigen oder nicht? Auf jeden Fall! Auch wenn deine persönlichen Interessen kein Pflichtbestandteil deiner Bewerbung sind, sehen Personaler gern, was du mit deiner freien Zeit anfängst. Denn dadurch erhalten sie einen kleinen Einblick in deinen Charakter und ob du zum Team passt. In Abbildung 6-36 findest du ein paar Beispiele für Charaktereigenschaften, die Personaler aus deinen Interessen herauslesen.

Aber gut aufgepasst! Denn du kannst durchaus auch Hobbys in deinem Lebenslauf platzieren, die dir zum Nachteil ausgelegt werden. Bevor du also einen schlecht ausgearbeiteten Interessenbereich in deinen Unterlagen unterbringst, lass ihn lieber ganz weg. Gefährliche Hobbys, die dein Leben gefährden, wie beispielsweise Extremsportarten, gehören nicht in deinen Lebenslauf. Auch solltest du von sehr passiven oder langweiligen Interessen wie Gaming oder »mit Freunden treffen« in deinen Unterlagen Abstand nehmen. Sie können schnell den Eindruck erwecken, dass du nicht teamfähig oder interessiert bist.

Wenn du dich bei einem Spielehersteller bewirbst, ist das natürlich eine Ausnahme. Dann solltest du deine Leidenschaft fürs Gaming natürlich nennen. Ähnlich verhält es sich mit »Musik hören«. Im Normalfall ist das ein sehr langweiliges, passives Hobby, das du besser nicht in deinem Lebenslauf angibst. Aber wenn du dich bei einem Streaming-Anbieter für Musik bewirbst, kannst du damit durchaus aufzeigen, dass du Kenntnisse in diesem Bereich mitbringst.

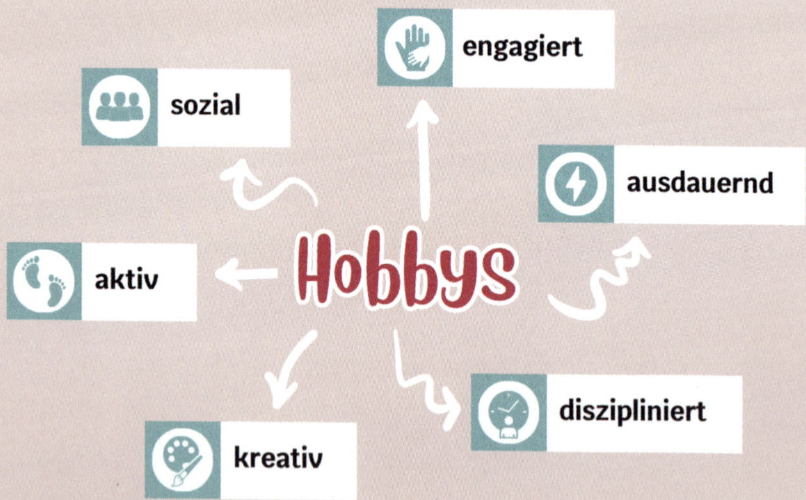

Abbildung 6-36: Beispiele für Assoziationen bei Hobbys

Wenn du deine Interessen im Lebenslauf angibst, solltest du unbedingt auf zwei Dinge achten: Im Deutschen heißt es richtigerweise »Hobbys« und nicht »Hobbies«. Bei Zweiterem handelt es sich um die englische Schreibweise. Diesen Fehler machen Bewerbende recht häufig, und er sollte unbedingt vermieden werden. Fehler Nummer zwei ist Oberflächlichkeit. Sie sorgt dafür, dass man mit deinen Angaben in der Regel nur sehr wenig anfangen kann. Fast jeder in Deutschland reist gerne, geht joggen oder mag Bücher. So eine Angabe sagt null über dich aus, klingt oft langweilig oder auch erfunden. Besser ist es, wenn du etwas genauer ausführst und spezialisierst, für was du dich genau interessierst. Beispiele dafür, wie du es besser machst, findest du in Abbildung 6-37.

Abbildung 6-37: Interessen spezifizieren

Wo solltest du deine Interessen im Lebenslauf platzieren? Gönne ihnen ruhig einen eigenen Abschnitt ganz am Ende. Der Fokus sollte trotzdem auf deinen Erfahrungen und Kompetenzen am Anfang deiner Unterlagen liegen. Auch hier arbeitest du bestenfalls mit Stichpunkten. Ein kleiner Hinweis, weil es viel zu oft passiert: Bitte übertreibe es nicht. Denn das macht dich schnell unglaubwürdig. Niemand hat die Zeit, dutzenden Hobbys wirklich intensiv nachgehen zu können. Bis zu vier Angaben sind von daher vollkommen ausreichend.

Tipp!

Informiere dich vorab, ob in deinem Zielunternehmen ein besonderes Interesse für spezielle Sportarten oder soziale Aktionen bzw. Vereine besteht. Vielleicht bist du ja privat auch in diesen Bereichen unterwegs und kannst durch die Nennung aufzeigen, dass du gut zum Arbeitgeber passt.

Eines sollte dir immer bewusst sein: Alles, was du hier angibst, kann im folgenden Vorstellungsgespräch zu Rückfragen führen. Deshalb solltest du unbedingt ehrlich sein und nichts dazuerfinden, nur um besser ins Team zu passen. Irgendwann fliegt das in der Regel auf und führt zu unangenehmen Situationen, die du vermeiden kannst. Wenn du bei einem deiner Hobbys unsicher bist, ob du es angeben solltest, lass es im Zweifelsfall besser weg. Denn ein positives Hobby kann deine Eignung für den Job etwas aufwerten, ist aber selten ausschlaggebend. Absagen aufgrund eines negativen Hobbys kommen hingegen häufiger vor.

Daran scheitern

Karriereträume

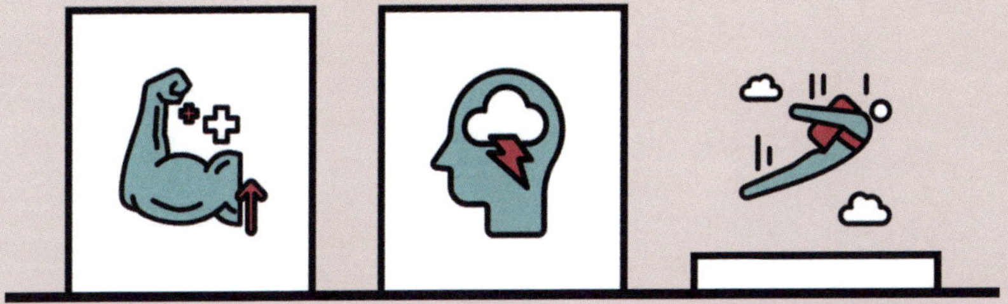

zu wenig **Durchhalte-vermögen**

zu viele **Selbst-zweifel**

zu wenig **coole Hob-bys im CV**

Es empfiehlt sich immer, Interessen zu nennen, die unterschiedliche Charakterbereiche bedienen. Idealerweise sollten die aufgezeigten Eigenschaften dann auch die für den Job erforderlichen Charaktermerkmale abdecken. Sport, ein künstlerisches Hobby und zusätzlich noch soziales Engagement wären die optimale Kombination. Aber keine Sorge: Niemand erwartet von dir, dass du perfekt bist. Zeige einfach offen, wer du bist und was dich fürs Team und das Unternehmen auf persönlicher Ebene qualifiziert. In Abbildung 6-38 findest du einige Beispiele für gute und schlechte Hobbys im Lebenslauf.

Was gehört hinein?

Portraits zeichnen: kreativ, künstlerisch, Offenheit

Möbel restaurieren: aktiv, bodenständig, geschickt

Karate: diszipliniert, zielstrebig, körperlich aktiv, ausdauernd

Gitarre spielen: leidenschaftlich, kreativ, aufgeschlossen

Ballett tanzen: diszipliniert, kreativ, aktiv, empathisch

Volleyball spielen: aktiv, Teamplayer, stressresistent, zuverlässig,

Fallschirm springen: gefährlich, Extremsport

Gaming: hat häufig zweifelhaften Ruf, passiv

Netflix: passiv, zurückgezogen

Bungee-Jumping: gefährlich, Extremsport

Mit Freunden feiern: Standard, langweilig

Musik hören: passiv, zurückgezogen

Gute Wahl | No-Go

Abbildung 6-38: »Gute« und »schlechte« Hobbys im Lebenslauf

6.13 Die wichtigsten CV-Learnings im Überblick

An dieser Stelle findest du noch einmal die essenziellen To-dos für die Erstellung deines Lebenslaufs. Außerdem gibt es eine Checkliste für dich, Beispiel-Lebensläufe und Formulierungstipps.

Die gezeigten Beispiele sollen natürlich nur als Orientierungshilfe für dich dienen. Wie du gelernt hast, kannst du für eine erstklassige Bewerbung nie einfach nur stur kopieren, was du bei einem anderen gesehen hast. Trotzdem können sie dir den Einstieg in deine Ausarbeitung deutlich erleichtern, wenn du dich an der Struktur und dem Aufbau orientierst.

Tipp!

Dein Werdegang muss in deinem Lebenslauf lückenlos und ohne Fragen für jeden nachvollziehbar sein, der ihn liest. Ein schlüssiger roter Faden muss sich durch die gesamte Unterlage ziehen und auch für Menschen, die deinen Background nicht kennen, verständlich sein. Ob du das bei der Erstellung deines Lebenslaufs wirklich geschafft hast, kannst du ganz leicht herausfinden. Gib ihn jemandem zu lesen, den du noch nicht so lange kennst und lass dir anschließend von ihm erzählen, was bei ihm von deinen Unterlagen angekommen ist. Deckt sich das Ergebnis nicht mit der Realität, musst du unbedingt nochmal nachbessern.

Der Perfekte CV

... ist originell & einzigartig

... passt zur Zielgruppe

... bleibt im Gedächtnis

Im alltäglichen Sprachgebrauch neigen wir dazu, Dinge möglichst einfach und unkompliziert zu formulieren. Das solltest du auch in deiner Bewerbung beibehalten. Trotzdem darfst du dir vor Augen führen, dass bestimmte Worte im Kopf anderer Menschen mit anderen Bedeutungen hinterlegt sein könnten als bei dir. Im Alltag wäre das eine typische »Das hatte ich doch eigentlich gemeint«-Situation. Deshalb solltest du gerade bei der Beschreibung deiner Fähigkeiten und Erfahrungen auf die richtige Wortwahl achten. Denn sonst passiert es, dass du durch deine Unterlagen sehr schnell als passiv, unprofessionell und weniger kompetent wahrgenommen wirst.

In Abbildung 6-39 findest du ein paar typische Beispiele für Worte, die genau dasselbe ausdrücken können, aber beim Empfänger häufig anders ankommen, als sie gemeint waren. Dazu kannst du auch immer geeignete Synonyme im Internet recherchieren.

Statt dies		Nimm das
verdichtet	→	konsolidiert
verringert	→	reduziert
verändert	→	modifiziert
vereinfacht	→	rationalisiert
gekümmert	→	betreut
eingestellt	→	rekrutiert
veranlasst	→	initiiert
ausgebaut	→	gesteigert
aufgeschrieben	→	dokumentiert

Abbildung 6-39: Beispiel für smarte Wortwahl im Lebenslauf

CV-Checkliste

- Du hast keinen Standard-Lebenslauf, den du für all deine Bewerbungen verwendest. Achte auf Einzigartigkeit.
- Dein Lebenslauf ist lückenlos. Ein nachvollziehbarer »roter Faden« führt wie eine spannende Geschichte durch deine beruflichen Stationen und deinen Bildungsweg.
- Du verwendest wichtige Schlagworte aus der Stellenanzeige und hebst so hervor, dass du verstanden hast, was es für den Job braucht.
- Du hast berücksichtigt, ob der Bereich »Persönliche Daten« (exklusive Kontaktdaten!) erwünscht ist.
- Du hast darauf geachtet, dass dein »Über-mich«-Bereich nicht mehr als zwei bis drei Sätze ausmacht, sofort ins Auge sticht und dich von der Masse abhebt.
- Du hast ein Foto verwendet, das einen professionellen Eindruck erweckt, vom Stil her zum Rest deiner Bewerbung passt und dich in die Kamera lächelnd zeigt.
- Im Teil Berufserfahrung hast du für die ausgeschriebene Stelle besonders relevante Tätigkeiten und Stationen deiner beruflichen Erfahrung ausführlich herausgearbeitet und Lücken nachvollziehbar erklärt.
- Du hast in deinem Lebenslauf nicht mehr als drei relevante Weiterbildungen aufgelistet und dabei auf das richtige Format geachtet. (Wann? Wo? Was?)
- Du hast nur relevante Stationen deines Bildungswegs dokumentiert. Wo du in der Grundschule warst, gehört nicht dazu!
- Du hast in deinem Lebenslauf, zum Beispiel im Bereich Berufserfahrung, nachweisbare Erfolge aufgezeigt, die du bestenfalls auch quantifiziert hast.
- Du hast darauf geachtet, nur Kenntnisse in Sprachen und IT aufzuzeigen, die du auch auf ausreichendem Niveau beherrschst und die für die Stelle relevant sind.

Abbildung 6-40: Checkliste für die wichtigsten Punkte im CV

1-seitiger CV

ANNA FORSTER
Wirtschaftsingenieurin

ÜBER MICH

Mit mehr als 6 Jahren Berufserfahrung in der Automobilindustrie suche ich als zielstrebige Produktmanagerin mit einer ausgeprägten Leidenschaft für strukturiertes Arbeiten nach einer neuen Herausforderung.

SKILL-SET

Marktanalysen
Projektmanagement
Produktentwicklung
Change-Management

AUSBILDUNG

Universität Würzburg
2013 –2016
M. Sc. Maschinenbau
Thermodynamik

SPRACHEN

Deutsch – C2
Englisch – C2
Spanisch – B2

BERUFSERFAHRUNG

CARING AG | Berlin
seit 02/2021 Senior Produktmanagerin Automotive
Business Unit Thermalmanagement PKW & NFZ

- **Businesspläne:** Erstellung von Marktstudien, Businessplänen und Strategiepapieren für die Entwicklung der Elektrifizierung für die europäische Automobilindustrie
- **Öffentlichkeitsarbeit:** Publikation von mehr als 30 Beiträgen in Fachmagazinen der Branche
- **PLCM:** Produktänderungsmanagement für kundenübergreifende technische Änderungen sowie Produktpflege und Kostenüberwachung & Controlling für mehr als 350 Standardprodukte

Vehicle Motors GmbH | München
02/2016 – 01/2021 Junior Produktmanagerin Automotive
Sparte Fahrzeugelektronik

- **Produktmanagement:** Weiterentwicklung des Produktprogramms (>300 Standardprodukte & Kundenapplikationen für 7 OEMs)
- **Projektmanagement:** Leitung von Entwicklungsprojekten für mehr als 15 neue Standardprodukte

IT-KENNTNISSE

SAP R3	●●●●●	MS Access	●●●●●
creo	●●●●●	MS Teams	●●●●●
MS Project	●●●●○	MS Excel	●●●●○

WEITERBILDUNGEN

Thermomanagement im Gesamtfahrzeug | CTI
06/2019
Berechnung von Kühlkreisläufen, Konzeptauswahl

Markt- und Wettbewerbsanalysen | bayern innovativ
03/2018
Vorgehensweise strategische Markt- & Wettbewerbsanalysen

aforster@mail.com +49 123 45 678 90 Musterstr. 7 12345 Musterstadt

Abbildung 6-41: Beispiel für die Aufteilung im einseitigen Lebenslauf

Lebenslauf Seite 1

MARIA MEIER

Wirtschaftsingenieurin

SKILL-SET

Leadership

Produktmanagement

Businesspläne

Marktanalysen

Projektmanagement

Produktentwicklung

Change-Management

PERSÖNLICHES

11.03.1985 in Berlin

Verheiratet
2 Kinder (13 & 15 Jahre)

Deutsch

/maria.meier

KENNTNISSE

SAP R3	●●●●●
creo	●●●●●
MS Project	●●●●○
MS Access	●●●○○
Jira	●●●●●
MS Excel	●●●●○

ÜBER MICH

Als empathische und top organisierte Führungskraft eines 10-köpfigen Teams im Programmmanagement eines Automobilzulieferers bringe ich mehr als 5 Jahre Leadership-Erfahrung mit. Mitarbeiter, Kollegen und Kunden überzeuge ich gleichermaßen durch detaillierte Marktkenntnisse, PLCM-Know-how, Change-Management-Expertise und Kommunikationsgeschick.

BERUFSERFAHRUNG 1/2

CARING AG | Berlin
Seit 08/2017 Programmleitung Thermalmanagement

Automobilzulieferindustrie (> 2.000 MA)

Führung & Leadership: Leitung eines 10-köpfigen Programm-Teams (Produktmanager, Systemingenieure, Projektingenieure), Koordination der Ressourcen, Mitarbeiterentwicklung und -qualifizierung

Programmmanagement: Festlegung von Programmstrategien auf Basis von Markt- und Wettbewerbsanalysen, Rentabilitätssteigerung des bestehenden Portfolios, Verantwortung für die Umsetzung der Programm-Strategie an den verschiedenen Unternehmensstandorten weltweit

Change-Management: Verantwortung für das Produktänderungsmanagement für kundenübergreifende technische Änderungen sowie Produktpflege und Kostenüberwachung & Controlling für mehr als 350 Standardprodukte

Vehicle Motors GmbH | München
09/2015 - 07/2017 Produktmanagerin Automotive Business Unit Thermalmanagement PKW & NFZ

Automobilzulieferindustrie (> 30.000 MA)

Produktmanagement: Weiterentwicklung des Produktprogramms (>300 Standardprodukte & Kundenapplikationen für 7 OEMs)

Vertriebsschulung: Erstellung von Trainingsunterlagen und Durchführung von internen & externen Schulungen an 7 internationalen Unternehmensstandorten

Businesspläne: Erstellung von Marktstudien, Businessplänen und Strategiepapieren für die Entwicklung der Elektrifizierung für die europäische Automobilindustrie

m.meier@mail.com +49 123 45 678 90 Musterstr. 7 12345 Musterstadt

Abbildung 6-42: Aufteilung im zweiseitigen Lebenslauf, Seite 1

Lebenslauf Seite 2

SPRACHEN

Deutsch – C2

Englisch – C2

Spanisch – B2

ERFOLGE

Aufbau und Leitung eines Programms
von 0 auf 10 Mitarbeiter

Erweiterung des Standardportfolios
um 9 Basisentwicklungen

Veröffentlichung von Fachartikeln
18 Beiträge in den 5 größten Magazinen der Branche

Rentabilitätssteigerung
um 5% PRETAX

Umsatzverantwortung
> 500 Mio €

Patentinhaber
von mehr als 20 Patenten im Automotive-Bereich

INTERESSEN

Klassische Literatur
Dostojewski, Bronte

Fotografie & Design
Photoshop, CANON 7D

Oldtimer
Jaguar & Porsche

Triathlon
Roth Triathlon Finisher '22

BERUFSERFAHRUNG 2/2

Naturenergie GmbH | Musterdorf
06/2010 – 08/2015 Projektingenieurin im Vertrieb

Branche Kraft-Wärme-Kopplung & BHKW

Sales: Kommunikationsstarke Akquise und Projektierung von mehr als 30 Großkunden aus dem öffentlichen Sektor, technische Kundenbetreuung und Kundenberatung

Projektmanagement: Kosten- und Terminüberwachung vom Angebot hin bis zur Inbetriebnahme, Planung und Umsetzung der Anlagenausführung in enger Zusammenarbeit mit den verschiedenen Fachabteilugen (Einkauf, Konstruktion, Produktion, Qualität, Logistik)

SONSTIGE ERFAHRUNGEN

Technisches Hilfswerk | Musterdorf
Seit 11/2012 Gruppenführung

Fachgruppe Bergung

Leadership: Ausbildung und Training der Helfer, Instandhaltung von Geräten und Fahrzeugen, Führung der Fachgruppe im Einsatzfall

WEITERBILDUNGEN

Leadership-Programm | Female Leadership Academy
04/2017 – 05/2017
Führungstheorie, Kommunikation im Team, Rollenbilder, Zielformulierung, Projektmanagement-Techniken

Thermomanagement im Gesamtfahrzeug | CTI
06/2016
Berechnung von Kühlkreisläufen, Konzeptauswahl, Marktbetrachtungen, Produktbewertungen

Markt- und Wettbewerbsanalysen | bayern innovativ
03/2016
Tools und Vorgehensweise im Rahmen einer strategischen Markt-& Wettbewerbsanalyse

AUSBILDUNG

Julius-Maximilians-Universität Würzburg
2008 – 2010 Master of Science Wirtschaftsingenieurwesen
Schwerpunkt: Produktentwicklung & Produktdesign

Friedrich von Hardenberg Gymnasium
1996 – 2004 Allgemeine Hochschulreife
Leistungskurse: Mathematik & Physik

Abbildung 6-43: Aufteilung im zweiseitigen Lebenslauf, Seite 2

Zeugnisse & Anlagen

Anhänge

Kapitel 7

7.1 Das Tüpfelchen auf dem i – deine Anhänge

Auch wenn die allerwenigsten Personaler zuerst auf die Anlagen zur Bewerbung schauen, solltest du sie keinesfalls nur halbherzig erstellen. Denn du möchtest schließlich nicht, dass deine Anhänge den Gesamteindruck deiner ansonsten erstklassigen Bewerbung nach unten ziehen, oder?

Also verliere nicht auf den letzten Metern dein Ziel aus den Augen. Viele Bewerbende machen sich deutlich mehr Gedanken darüber, dass eine weniger gute Note in einem ihrer Zeugnisse negativ auffällt, als dass sie sich um die Aufbereitung ihrer Anhänge sorgen. Das hat zur Folge, dass die meisten Bewerbungsanlagen, die Personaler zu Gesicht bekommen, in einem wirklich schlechten Zustand eingereicht werden.

Du kannst dir sicher vorstellen, dass eine schlechte Note natürlich keinen guten Eindruck hinterlässt, wenn die Aufbereitung deiner Unterlagen zusätzlich auch noch sehr unordentlich und wenig professionell geschieht. Andersherum kann ein gepflegter Eindruck deiner gesamten Bewerbungsmappe dabei unterstützen, dass Personaler bei der ein oder anderen Note auch mal ein Auge zudrücken. Denn Noten haben oft keine hohe Aussagekraft, solange sie in kein Extrem fallen – vor allem in Bezug auf deinen Arbeitsstil. Professionelle, ordentliche Bewerbungsunterlagen hingegen lassen Rückschlüsse auf einen gewissenhaften Arbeitsstil zu. Und das ist für Arbeitgeber durchaus relevant. Deshalb lernst du in diesem Kapitel, welche Unterlagen in deinen

Anlagen enthalten sein sollten und wie du sie am besten aufbereitest.

Abbildung 7-1: Faktoren, die den Gesamteindruck von Anhängen beeinflussen

In Abbildung 7-1 siehst du, welche Faktoren bei deinen Bewerbungsanlagen erfolgsentscheidend sind. Wie du schnell erkennst, sind Noten nur ein kleiner Teil des Ganzen. Über den Erfolg deiner Bewerbung entscheiden neben der Aufbereitung deiner Unterlagen und deiner Noten noch viele andere Faktoren. Also mach dir nicht so viele Sorgen und häng dich ordentlich rein.

Deine Anlagen sind kein Sammelsurium von Unterlagen, in die du einfach mal alles hineinpackst, was du so findest. In Abbildung 7-3 findest du eine Übersicht zu den verschiedenen Unterlagen, die in deine Anhänge zur Bewerbung gehören, sofern sie vorhanden sind. Einige von ihnen sind optional. Aber die meisten von ihnen sind Pflichtbestandteile, die du in deinen Anlagen auf keinen Fall vergessen solltest.

Warum scheitern wir?

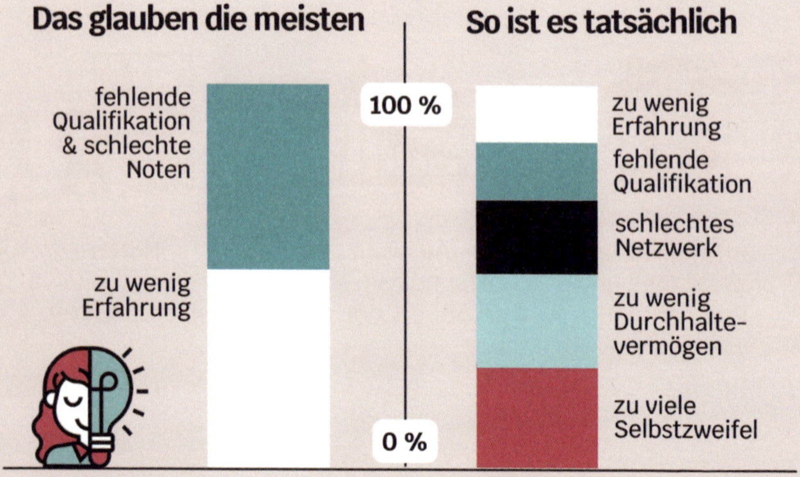

Abbildung 7-2: Gründe für das Scheitern von Bewerbungen

Arbeitszeugnisse: Genau wie in deinem Lebenslauf zuerst genannt, finden auch in deinen Anlagen als Erstes deine beruflichen Stationen ihren Platz. Arbeitszeugnisse sind in Deutschland etwas Besonderes und benötigen ein gewisses Augenmerk. Deshalb findest du alle wichtigen Informationen dazu ab Seite 211.

Abschlusszeugnisse: Auch Qualifikationsnachweise wie Schul-, Ausbildungs- und/oder Hochschulabschlüsse sollten einen Platz in deinen Anlagen finden. Solltest du verschiedene Schulabschlüsse haben oder mehrere Ausbildungen oder Studiengänge absolviert haben, gehören nicht all diese Zeugnisse in deinen Anhang. Merke dir, dass nur dein höchster Schulabschluss und relevante weitere Qualifikationen in deine Anhänge gehören. Bei Zweiterem handelt es sich in der Regel um deinen höchsten beruflichen oder akademischen Abschluss.

Zertifikate & Weiterbildungsnachweise: Nicht selten verpacken Bewerbende mehr als ein Dutzend Nachweise von Weiterbildungen in ihre Anlagen zur Bewerbung. Das ist die Art, wie es auf keinen Fall gemacht werden sollte. In den Anhang gehören nur Nachweise und Zertifikate, die für die ausgeschriebene Stelle relevant sind und auch einen Platz in deinem Lebenslauf gefunden haben. In Kapitel 6.5 hast du bereits gelernt, dass du für deine Bewerbung nicht mehr als zwei bis vier zur Stelle passende Weiterbildungen nennen solltest.

Tipp!

Jackpot! Du hast einen ehemaligen Kollegen, der in dem Unternehmen arbeitet, bei dem du dich um einen Job bewerben möchtest? Bestenfalls hat er außerdem Anknüpfungspunkte zu der von dir angestrebten Abteilung. Dann ist er in der Regel die ideale Referenz für dich. Denn Unternehmen stellen viel lieber Menschen ein, die bereits Berührungspunkte zu ihnen haben, als vollkommen Fremde.

Referenzen: In Deutschland noch sehr selten in Bewerbungen genutzt, aber nicht zu unterschätzen, können gute

Referenzen ein Türöffner zu deinem Wunschunternehmen sein. Also scheu dich nicht davor, dein Netzwerk zu nutzen, wenn es um die Bewerbung für deinen Traumjob geht. Wie du Referenzen in deinen Anlagen darstellen kannst, siehst du auf den Seiten 217 und 218 im Praxisbeispiel.

Veröffentlichungen: Du hast Fachartikel in Magazinen deiner Branche veröffentlicht oder ein Buch geschrieben? Klasse! Auch das gibt einen Einblick in deine Fachkenntnisse und Fähigkeiten. Achte aber auch hierbei auf den Bezug zur ausgeschriebenen Stelle. Denn sonst kann dein potenzieller Arbeitgeber mit dieser Information wenig anfangen. Bewirbst du dich beispielsweise um eine Stelle als Programmierer für Anlagensteuerungs-Software, ist es irrelevant, dass du in deinem aktuellen Job Fachartikel zum effizienten Vertrieb von Elektronikkomponenten veröffentlicht hast. Denn beide Themen haben nur wenige Berührungspunkte.

Arbeitsproben: Deine Anlagen zur Bewerbung eignen sich natürlich auch ganz hervorragend, um bisherige Arbeitsergebnisse zu präsentieren. Bereiche wie Marketing, Design und Texten eignen sich dazu besonders gut. Aber auch hier solltest du deinen potenziellen Arbeitgeber nicht mit Unmengen an Unterlagen den Blick aufs Wesentliche versperren. Füge also höchstens drei repräsentative und zum Job passende Arbeitsproben in deine Anlagen ein. Wenn du besonders viele erstklassige Ergebnisse vorzuweisen hast, kannst du auch eine Webseite für deine Arbeitsproben aufsetzen. Dann kann man sich bei Bedarf selbstständig durch deine Arbeiten klicken. Durch die interaktive Gestaltung wird außerdem der Spaßfaktor beim Sichten deiner Arbeitsproben erhöht und deine Anhänge nicht durch unzählige Seiten überfrachtet.

Abbildung 7-3: Mögliche Bestandteile der Anlagen zur Bewerbung

Bei der Erstellung deines Anhangs ist allerdings nicht nur darauf zu achten, welche Inhalte du darin verpackst. Denn auch das Wie spielt für den Gesamteindruck eine große Rolle. In Abbildung 7-4 findest du die größten Fehler für die Erstellung des Anhangs deiner Bewerbung zusammengefasst. Die meisten von ihnen sind typische Fehler, die eine Vielzahl an Bewerbenden immer wieder macht, obwohl sie sich leicht vermeiden lassen. Hierbei geht es hauptsächlich um eine gewissenhafte Aufbereitung, die ein wenig zusätzlichen Fleiß erfordert.

Format: Deine Anhänge gehören gesammelt in eine PDF-Datei. Niemand möchte zehn oder mehr einzelne Dateien wie in einer losen Blattsammlung vorfinden. Nur in digitalen Bewerbungsmasken kann es vorkommen, dass du sie einzeln hochladen musst.

Erscheinungsbild: Weder zerknitterte noch schräg eingescannte Zeugnisse erwecken den Eindruck, dass du dir wirklich Mühe bei deiner Bewerbung gegeben hast. Also achte auf ein sauberes Erscheinungsbild. Im Notfall kannst du ein knittriges Zeugnis auch mit deinem Bügeleisen glätten und wieder in Form bringen.

Abbildung 7-4: No-Gos beim Versenden von Bewerbungsanlagen

Deckblatt: Wenn du deine Bewerbung wirklich nutzerfreundlich und übersichtlich gestalten möchtest, solltest du für deine Anhänge immer ein Deckblatt verwenden. Es ist eine Art Inhaltsübersicht für deine Bewerbungsanlagen. Du kannst auf dem Deckblatt auch Verlinkungen zu den einzelnen Zeugnissen setzen, sodass der Personaler mit nur einem Klick zum gewünschten Zeugnis springen kann, ohne ewig lange blättern zu müssen.

Datengröße: Nichts schreckt mehr davor ab, eine Datei zu öffnen, als wenn sie riesig groß ist. Denn in der Regel stecken hinter so einer riesigen Datei viele unnütze Inhalte, die man gar nicht durcharbeiten möchte. Deshalb solltest du die eingescannten Bilder immer zunächst in eine niedrigere Auflösung komprimieren, die noch gut lesbar ist. Weniger als 5 MB sind ein guter Richtwert.

Tipp!

Bei einer Bewerbung per E-Mail kannst du deine Anhänge auch in einer separaten Datei mitschicken. Dann fühlen sich Personaler nicht von der Masse an Informationen erschlagen, wenn sie deine Bewerbungsmappe öffnen.

Relevante Zeugnisse: In deine Anhänge gehören nicht alle Zeugnisse und Zertifikate, die du je erlangt hast. Als Faustregel kannst du dir Folgendes merken: die letzten drei Arbeitszeugnisse, drei relevante Weiterbildungsnachweise, der höchste relevante Bildungsabschluss und bis zu drei relevante, aussagekräftige Arbeitsproben. Letztere sind natürlich nicht in jedem Job verfügbar. Also mach dir keine Sorgen, falls du hier nichts aus dem Hut zaubern kannst. Sie sind einfach ein nützliches Add-on, wenn es der jeweilige Beruf (zum Beispiel Grafiker oder Texter) hergibt.

Reihenfolge: Deine Zeugnisse sollten im Anhang genau in der Reihenfolge erscheinen, wie du sie in deinem Lebenslauf erwähnt hast (Arbeitszeugnisse → Weiterbildungsnachweise & Zertifikate → Abschlusszeugnisse → weitere Anhänge wie beispielsweise Arbeitsproben → Referenzen). So kann man gezielt zu dem Zeugnis springen, für das man sich interessiert.

Fremdsprachige Zeugnisse: Bei einer Bewerbung in Deutschland sollte die in deinen Zeugnissen verwendete Sprache in jedem Fall Deutsch sein. Englisch wird in der Regel auch verstanden und gilt als Ausnahme. Aber hast du Kurse im Ausland besucht oder dort vielleicht sogar ein Studium absolviert und kein englisch- oder deutschsprachiges Zeugnis erhalten, solltest du dieses immer übersetzen und beglaubigen lassen. Denn sonst können Personaler nur schwer einordnen, ob du die für die Stelle benötigten Qualifikationen auch wirklich mitbringst. Niemand wird für dich einen Übersetzer aus dem Internet zu Rate ziehen, um sich durch deine Zeugnisse zu kämpfen. Auch bei deinen Anhängen gilt: Mach es den Personalern mit deinen Unterlagen so einfach wie möglich. Das erhöht deine Erfolgschancen um ein Vielfaches.

Arbeitszeugnisse verstehen und smart nutzen

In Deutschland kommt Arbeitszeugnissen eine ganz besondere Bedeutung zu. Deshalb dürfen sie in deiner Bewerbung nicht fehlen, sobald du einmal Berufserfahrung gesammelt hast. Aber wie bei allem anderen gilt hier auch: Übertreibe es nicht! Du solltest in keinem Fall alle Arbeitszeugnisse anhängen, die du im Laufe der Zeit gesammelt hast. Denn da kommen schnell einige zusammen, wenn man Zeugnisse von Praktika und Werkstudententätigkeiten auch mit berücksichtigt. Als Daumenwert kannst du dir merken, dass du bestenfalls deine letzten drei Arbeitszeugnisse in deine Anlagen zur Bewerbung packst.

AufgePasst!

In die Anlagen zu deiner Bewerbung gehören nur Arbeitszeugnisse zu Jobs/Tätigkeiten, die du zuvor in deinem Lebenslauf erwähnt hast. Nebenjobs, Praktika und ähnliche Tätigkeiten, die keinen direkten Bezug zur ausgeschriebenen Stelle haben, sollten nicht zusammenhangslos in deinen Anhängen landen.

Sobald du deinen aktuellen Job kündigst, solltest du auch ein Arbeitszeugnis anfordern. So bleibt ausreichend Zeit zur Erstellung und Nachbesserung, bis du das Unternehmen verlässt. In Deutschland dürfen Arbeitgeber per Gesetz nur wohlwollend klingende Arbeitszeugnisse ausstellen. Deshalb klingt jedes beim Lesen zunächst erst einmal wie ein Loblied auf den Arbeitnehmer. Davon solltest du dich allerdings nicht blenden lassen. Denn es gibt einen Notencode, der mit den verschiedenen Formulierungen einhergeht. Mehr dazu, wie du ihn verstehst, erfährst du in Abbildung 7-5. Wenn du diesen Code verstanden hast, merkst du schnell, dass viele Formulierungen deutlich weniger nett gemeint sind, als sie zunächst klingen. Deshalb solltest du bei einem Arbeitszeugnis, das stark von deiner eigenen Wahrnehmung deiner Arbeitsleistung abweicht, unbedingt das Gespräch suchen und auf Nachbesserung drängen.

Noten-Code

Note 1	»stets/ immer/ jederzeit zur vollsten Zufriedenheit«
Note 2	»stets/ immer/ jederzeit zur vollen Zufriedenheit«
Note 3	»zufriedenstellende, solide oder sorgfältige Leistung«
Note 4	»zur Zufriedenheit« oder »ordnungsgemäß erledigt«
Note 5	»im Großen und Ganzen zu unserer Zufriedenheit«
Note 6	»war bemüht« oder »im Rahmen ihrer Fähigkeiten«

Abbildung 7-5: Notencode zur Beurteilung in Arbeitszeugnissen

Scheue dich bei einer unpassenden Bewertung nicht davor, eine Erklärung zur Beurteilung einzufordern oder auch professionelle Unterstützung zu Rate zu ziehen. Denn bei besonders schlechten Noten oder versteckten Codes zu einem unangebrachten Verhalten deinerseits kann das potenzielle Arbeitgeber davon abschrecken, dich für den von dir angestrebten Job in Betracht zu ziehen.

Auch deshalb solltest du dein Arbeitszeugnis niemals unverstanden entgegennehmen. Um dies auch wirklich sicherzustellen, empfiehlt sich die Vorgehensweise aus Abbildung 7-6. Mit diesen drei Schritten verstehst du alle nötigen Details zur Beurteilung deines Arbeitszeugnisses. Lass dabei keinen der drei Schritte aus, damit dir keine unpassende Formulierung entwischt.

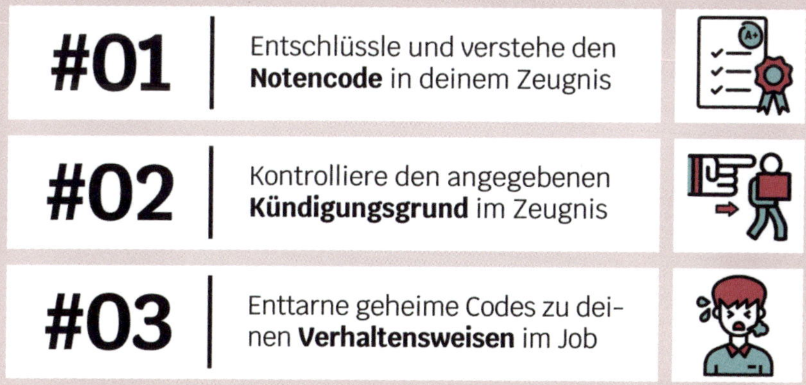

Abbildung 7-6: Vorgehensweise zur Entschlüsselung

Wie bereits kurz in der Vorgehensweise zur Analyse von Arbeitszeugnissen angerissen, ist auch der Kündigungsgrund von Arbeitnehmern für potenzielle Arbeitgeber von hoher

Relevanz. Denn natürlich macht es einen großen Unterschied, ob du das Unternehmen auf deinen Wunsch hin verlassen hast oder ob du aufgrund unpassender Verhaltensweisen gekündigt wurdest. Letzteres ist ein Warnsignal für künftige Arbeitgeber.

Kündigungsgrund

Formulierung	Bedeutung
Frau Müller verlässt das Unternehmen in gegenseitigem Einverständnis.	Es ist sehr wahrscheinlich, dass die **Kündigung** vom **Arbeitgeber** ausging.
Wirksam zum 01.03.2022 wurde der Arbeitsvertrag im gegenseitigen Einverständnis aufgelöst.	In diesem Fall endet das Arbeitsverhältnis durch einen **Aufhebungsvertrag**.
Wir müssen uns zum 01.03.2022 von der Mitarbeiterin trennen.	Hier handelt es sich um eine **fristlose Kündigung** seitens des Arbeitgebers.
Das Arbeitsverhältnis endet auf Wunsch von Frau Müller.	In diesem Fall ging die **Kündigung** vom **Arbeitnehmer** selbst aus.

Abbildung 7-7: Angabe vom Kündigungsgrund im Arbeitszeugnis

In Abbildung 7-7 findest du Beispiele für Formulierungen von Kündigungsgründen in Arbeitszeugnissen. Wenn dir bei der Angabe zu deinem Ausscheiden aus dem Unternehmen etwas nicht schlüssig erscheint, solltest du auch hier um Nachbesserung bitten. Denn auch sie kann den Bewerbungserfolg maßgeblich beeinflussen.

Geheimcodes

Formulierung	Bedeutung
Für die Belange der Belegschaft bewies sie stets Einfühlungsvermögen.	Sie suchte nach **intimen Kontakten** und flirtete, was das Zeug hält.
Durch ihre Geselligkeit trug sie zur Verbesserung des Betriebsklimas bei.	Sie erschien regelmäßig **betrunken** zur Arbeit.
Herr Müller verfügt über solides Fachwissen und ein gesundes Selbstvertrauen.	Viel heiße Luft um nichts. Herr Müller tritt bei mäßiger Leistung **arrogant** auf.
Wir wünschen ihr alles Gute und vor allem Gesundheit.	Diese Mitarbeiterin war oft **krankgeschrieben**.
Herr Müller erledigte seine Aufgaben mit Sorgfalt und besonderer Genauigkeit.	Er erledigte die ihm übertragenen Aufgaben unglaublich **langsam**.

Abbildung 7-8: Angaben zu typischen Verhaltensweisen

Ähnlich zum Kündigungsgrund gibt es auch zu besonderen Verhaltensweisen von Mitarbeitern im Job Formulierungen im Arbeitszeugnis, die zwar nett klingen, in der Realität aber eine völlig andere Bedeutung haben. In Abbildung 7-8 findest du ein paar typische Beispiele für solche Formulierungen zum Verhalten. Wie du siehst, kommen all diese Formulierungen sehr unscheinbar daher. Deshalb solltest du ein besonderes Auge darauf haben.

Referenzen bei fehlenden Arbeitszeugnissen

In den meisten Ländern ist die Erstellung eines Arbeitszeugnisses nach Beendigung des Arbeitsverhältnisses unüblich. Eine Bewerbung in Deutschland ohne relevante Arbeitszeugnisse kann aber sehr schnell zu einer großen Herausforderung werden. Um trotzdem Vertrauen in die gemachten Erfahrungen schaffen zu können, empfiehlt es sich, vertrauenswürdige Referenzen zu nennen, die bestätigen können, dass die von dir genannte Berufserfahrung wirklich in dem Unternehmen gesammelt wurde. Bei dieser Referenz kann es sich zum Beispiel um die ehemalige Führungskraft oder aber auch einen engen Kollegen handeln.

Bestenfalls gibst du diese Person aber nicht ohne ihr Wissen in deinen Unterlagen an. Deshalb ist es ratsam, vorher kurz Bescheid zu geben und darauf vorzubereiten, dass ein Anruf von deinem potenziellen Arbeitgeber erfolgen könnte. Sonst wird diese Person möglicherweise vom Anruf überrascht und weiß nicht, ob sie denn überhaupt mit Informationen über dich herausrücken sollte. Denn normalerweise will dir niemand schaden.

AufgePasst!

Auch wenn du alle nötigen Arbeitszeugnisse beisammen hast, kann sich die Verwendung von Referenzen trotzdem für dich lohnen. Beispielsweise wenn es sich um eine in der Branche oder im Unternehmen bekannte Persönlichkeit handelt, die mit deiner Leistung in der Vergangenheit ausgesprochen zufrieden war und so deinen Wert für das Zielunternehmen hervorheben und bestätigen kann.

Praxisbeispiel: Deckblatt für Anhänge

Du hast bereits gelernt, dass ein Deckblatt für deine Anlagen zur Bewerbung für einen professionellen Gesamteindruck sorgen kann. Lass uns jetzt einen Blick darauf werfen, wie das in der Praxis aussehen kann. In Abbildung 7-9 findest du ein Deckblatt, das neben den gängigen Anlagen zusätzlich noch Referenzen enthält. Wichtig ist, dass es wie eine Art Inhaltsverzeichnis funktioniert. Die von dir erwähnten Anhänge sollten in derselben Reihenfolge erscheinen, wie du sie zuvor in deinem Lebenslauf genannt hast. Anhänge, die in deinem Lebenslauf nicht vorkommen, gehören auch nicht auf dein Deckblatt und in den Rest deiner Anlagen zur Bewerbung. Achte auf eine gute Übersichtlichkeit und eine Trennung der Bereiche. Kurze zusätzliche Erläuterungen sind hilfreich. Aber übertreibe es nicht. Denn diese sollten bereits in deinem Lebenslauf zu finden sein.

Praxisbeispiel

ANNA FORSTER
Wirtschaftsingenieurin

ZEUGNISSE & QUALIFIKATIONEN

BERUFSERFAHRUNG

- **Smart Car GmbH | Musterstadt** seit 10/2018
  Senior Produktmanagerin
- **Car Factory AG | Musterhausen** 01/2014 – 09/2018
  Produktmanagerin
- **Automobil GmbH | Musterdorf** 09/2009 – 12/2013
  Projektingenieurin

WEITERBILDUNGEN

- **Leadership Programm | FLA** 04/2018 – 06/2018
  Personalführung, Führungstheorie, Projektmanagement
- **Automotive-Businesspläne | bayern innovativ** 09/2012
  Strategische Markt- & Wettbewerbsanalysen
- **Thermomanagement im Fahrzeug | CTI** 02/2010 – 03/2010
  Berechnung von Kühlkreisläufen, Konzeptauswahl

AUSBILDUNG

- **Universität Erlangen** 10/2007 – 07/2009
  Wirtschaftsingenieurwesen (Produktdesign & Produktmanagement)
  Master of Engineering
- **Universität Erlangen** 10/2004 – 07/2007
  Wirtschaftsingenieurwesen (Maschinenbau & Marketing)
  Bachelor of Engineering
- **Geschwister-Scholl-Gymnasium Hof** 09/1996 – 05/2004
  Leistungskurse Mathematik & Physik
  Allgemeine Hochschulreife

REFERENZEN

Thomas Huber
Car Factory AG / 2018
Senior Produktmanager
Telefon: +49 123 345 6789
Mail: t.huber@carfactory.de

Nina Schaller
Smart Car GmbH / 2023
Leiterin Entwicklung
Telefon: +49 123 345 6789
Mail: n.schaller@smartcar.com

Abbildung 7-9: Beispiel für ein Anlagen-Deckblatt mit Referenzen

7.2 Die wichtigsten Learnings im Überblick

Hier kommt noch einmal das Wichtigste zum Thema Anhänge für dich zusammengefasst. Orientiere dich bei der Erstellung deiner Anlagen zur Bewerbung gerne an den in Abbildung 7-10 aufgezeigten Punkten.

Abbildung 7-10: Wichtigste Learnings zum Thema Anhänge

Wenn du die hier aufgezeigten Hinweise bei der Aufbereitung deiner Anhänge beachtest, kann gar nicht viel schiefgehen. Denn in deinen Anlagen musst du zusätzlich nicht selbst Informationen erstellen. Du musst es nur schaffen, die dir zur Verfügung stehenden Unterlagen in eine professionelle und übersichtliche Form zu bringen. Das erfordert eher Fleiß als Hirnschmalz. Deshalb fällt es in deinen Anlagen auch besonders auf, wenn du dir bei der Bewerbung keine Mühe gibst.

Versand

Kapitel 8

8.1 Finale: Versand, Nachverfolgung & Tracking

Du hast deine Bewerbungsunterlagen als PDF-Datei ausgeleitet oder sie in einer physischen Bewerbungsmappe verpackt. Gratuliere! Denn das bedeutet, dass du den größten Teil des Bewerbens bereits mit Bravour hinter dich gebracht hast. Doch mal langsam. Du solltest jetzt noch nicht die Füße hochlegen. Denn auch beim Verschicken oder Hochladen deiner Unterlagen kann noch viel schiefgehen. Damit dir das nicht passiert, werfen wir jetzt einen Blick auf die letzten Schritte, die noch vor dir liegen, um erfolgreich das Vorstellungsgespräch zu erreichen.

Abbildung 8-1: Letzte Schritte nach Bewerbungserstellung

In Abbildung 8-1 findest du zusammengefasst alle Aufgaben, die nach der Erstellung deiner Bewerbung noch auf dich zukommen.

Der erste Schritt liegt offensichtlich auf der Hand. Wenn deine Bewerbungsunterlagen fertig erstellt sind, musst du sie natürlich in der vom Unternehmen gewünschten Form beim potenziellen Arbeitgeber einreichen, damit sie dort gesichtet werden können. Bereits hier unterläuft Bewerbenden eine Vielzahl an Fehlern. Dazu und wie du es besser machst, erfährst du in Kapitel 8.2 mehr.

Nachdem du deine Unterlagen versandt hast, folgt ein Schritt, den ein Großteil der Bewerbenden vernachlässigt. Schlimmstenfalls kann er dazu führen, dass du dich nicht passend auf das kommende Vorstellungsgespräch vorbreiten kannst und deshalb deinen Traumjob nicht bekommst.

Vielleicht ist es dir ja sogar selbst schon mal passiert. Du bist überglücklich, weil deine Bewerbung erfolgreich war und du zum Jobinterview eingeladen wurdest. Nun möchtest du dich top motiviert auf dein Gespräch vorbereiten und stellst plötzlich fest, dass du weder die Stellenanzeige zum Job noch deine beim Unternehmen eingereichten Unterlagen finden kannst. Das führt bei dir zu Druck und Stress, und du schaffst es nicht, dich auf die für den Job benötigten Fokusthemen vorzubereiten. Sind wir mal ehrlich: Diese unglückliche Stresssituation kannst du in jedem Fall vermeiden, indem du dir für deine Bewerbungen ein smartes Ablagesystem aufsetzt. Das muss gar nicht kompliziert sein und auch gar nicht viel Arbeit machen. Einen Vorschlag dazu findest du in Abbildung 8-2.

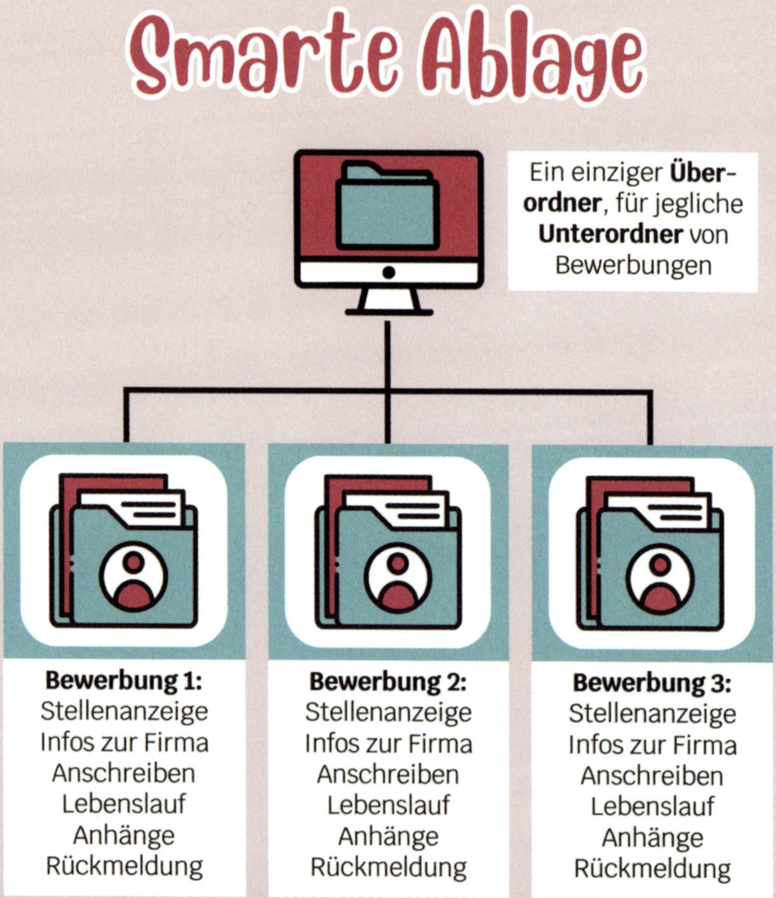

Abbildung 8-2: Ordnerstruktur und Inhalte für deine Ablage

Deine Unterlagen sind von dir in passender Form an dein Zielunternehmen versendet worden, und du hast sie gut sortiert in deinem smarten Ordnersystem abgelegt. Du hast also bisher alles richtig gemacht. Nun kann es vorkommen, dass einige Zeit vergeht und du nichts vom Unternehmen hörst. Dafür kann es sehr verschiedene Gründe geben, und du solltest nicht gleich vom Schlimmsten ausgehen. Denn das bedeutet längst nicht, dass deine Bewerbung nicht überzeugt hat. Häufig dauert vor allem bei größeren Unternehmen, wo eine Vielzahl an Bewerbungen eingeht, das Sichten der Unterlagen etwas länger. Oder möglicherweise ist auch einer der relevanten Ansprechpartner kurzfristig ausgefallen. Oder das Unternehmen ist schlichtweg vom Bewerbungsprozess überfordert. Auch das kommt vor. Oder ... Also Ruhe bewahren und dem Ganzen gezielt nachgehen. Wie das geht, erfährst du in Kapitel 8.3.

Tipp!

Der Großteil der Personaler sagt, dass sie es völlig okay finden, wenn Bewerbende, nachdem zwei bis drei Wochen ohne Rückmeldung seitens des Unternehmens vergangen sind, freundlich nach dem aktuellen Bewerbungsstatus fragen. Du musst dich also gar nicht wie ein ungeduldiger Störenfried fühlen, wenn du dich beim Unternehmen nach dem derzeitigen Stand deiner Bewerbung erkundigst. Allerdings solltest du ihnen wirklich etwas Zeit einräumen und auch danach nicht beinahe täglich mit einem Anruf beim Unternehmen auf der Matte stehen.

Aber auch damit ist deine Arbeit noch nicht vollständig erledigt. Denn die meisten Bewerbenden kennen es. Gefühlt haben sie auf jede ihrer Bewerbungen eine Absage bekommen. Aber war das tatsächlich so oder handelt es sich hierbei nur um ein Gefühl? Um dir deinen Traumjob erfolgreich an Land ziehen zu können, solltest du dich nicht allein auf deine subjektive Wahrnehmung verlassen. Überprüfe regelmäßig die Erfolgsquote deiner Bewerbungen. Sinkt diese unter einen von dir vorgegebenen Wert, solltest du unbedingt nochmal bei deinen Unterlagen nachbessern oder deine Eignung für die Jobs, auf die du dich bewirbst, hinterfragen. Harte Fakten eignen sich hierfür am besten. Mit einem passenden Tool kannst du diese auswerten.

8.2 Bewerbungsunterlagen richtig einreichen

Du bist stolz auf deine Unterlagen und freust dich schon darauf, sie endlich auf die Reise schicken zu können. Dann wäre es doch besonders ärgerlich, wenn dir beim Einreichen Fehler unterlaufen. Deshalb bekommst du an dieser Stelle einen Überblick (siehe Abbildung 8-3) zu den wichtigsten Punkten, die du beim Versand – in Papierform oder elektronisch – unbedingt beachten solltest. Wenn in der Stellenausschreibung nicht explizit etwas anderes gefordert ist, kannst du dich in der Regel an diesen Hinweisen orientieren. Solltest du trotzdem unsicher sein, scheue nicht davor, bei der für die Bewerbung verantwortlichen Person nachzufragen. Das wird dir in der Regel nicht negativ ausgelegt, und du kommst auch gleich mit dem Personaler ins Gespräch.

Was beachten?

Bewerbung in Papierform: ausreichend frankiert; korrekt adressiert; Bewerbungsmappe; sämtliche Bewerbungsunterlagen

E-Mail-Bewerbung: eindeutiger Betreff; kurze, freundliche Mail; Bewerbungsunterlagen als Anhänge in PDF-Form (je < 5 MB)

Bewerbung über Online-Plattformen: Vorgaben beachten, einzelne Dateien im PDF-Format (je < 5 MB) auf Plattform hochladen

Abbildung 8-3: Hinweise zum Unterlagenversand

Bewerbung in Papierform: Überprüfe zunächst noch einmal alle deine Unterlagen auf Fehler und versichere dich, dass du dein Anschreiben handschriftlich unterzeichnet hast. Wenn alles zu deiner Zufriedenheit ist, solltest du aber trotzdem nicht nachlässig werden. Denn sowohl in digitaler Form als auch bei der Bewerbung in Papierform schleicht sich bei Adressangaben schnell der Fehlerteufel ein. Deshalb solltest du, nachdem du alle deine Bewerbungsunterlagen – außer dem Anschreiben, das du lose auf die Mappe auflegst – ordentlich in der Mappe verstaut hast und sie allesamt in einen knitterfreien großen Umschlag gepackt hast, unbedingt noch einmal die von dir auf dem Umschlag angegebene Adresse überprüfen. Ist der Umschlag verschlossen, fehlt nur noch eine Briefmarke, und schon können sich deine Unterlagen auf den Weg machen.

AufgePasst!

Die Post verändert regelmäßig die Gebühren für den Versand von Briefen und Paketen. Deshalb empfiehlt es sich unbedingt, dass du dir nicht einfach eine Briefmarke schnappst, die du noch zu Hause hattest. Informiere dich vorher immer darüber, welche Gebühr zum Versandzeitpunkt fällig ist, damit dein Umschlag ausreichend frankiert ist und nicht wieder zu dir zurückkommt. Es wäre ärgerlich, wenn du deshalb eine Frist verpasst und dir die Chance auf den Job entgeht.

E-Mail-Bewerbung: Auch wenn es sich hierbei um die für Bewerbende unkomplizierteste Form der Bewerbung handelt, solltest du den Versand nicht auf die leichte Schulter nehmen. Zunächst solltest du darauf achten, dass du zum Verschicken deiner Unterlagen eine seriöse E-Mail-Adresse (mehr dazu in Kapitel 6.3 »Persönliche Daten im Lebenslauf«) verwendest. So weit, so gut. Anschließend überprüfst du, ob die Adresse, an die du deine Unterlagen verschicken möchtest, korrekt von dir eingegeben wurde. Als Nächstes erstellst du einen deiner Bewerbung und der Ausschreibung eindeutig zuordenbaren Betreff für deine Nachricht. Dann erstellst du eine kurze, freundliche Nachricht an die Zielperson. Wie das ganz einfach geht, kannst du der Vorlage auf Abbildung 4-2 entnehmen. Und dann heißt es nur noch, deine Unterlagen der Mail anhängen und die Mail versenden. Deine Unterlagen solltest du immer im PDF-Format versenden und außerdem darauf achten, dass eine einzelne Datei nicht größer als 5 MB ist. Ob du deine Unterlagen in einer Datei für die gesamte Bewerbungsmappe verschickst oder die Anlagen in einer separaten Datei, hängt davon ab, wie umfangreich deine Anlagen sind.

Bewerbung über Online-Plattform: Wie du bereits gelernt hast, gibt es beim Bewerben die verschiedensten Formen von Online-Portalen. Deshalb lässt sich keine pauschale Vorgabe machen, wie du vorgehen solltest. Wichtig ist aber in jedem Fall, dass die einzelnen Dateien nicht zu groß sein sollten. 5 MB sind auch hier ein guter Richtwert.

Hinzu kommt, dass du darauf achten solltest, deine Unterlagen nicht durcheinanderzubringen. Denn es gibt Plattformen, bei denen man nicht auf den ersten Blick erkennt, dass es nur die Möglichkeit gibt, eine einzige Bewerbung hochzuladen. Das kann sowohl für das Anschreiben als auch den Lebenslauf und deine Anlagen gelten. Bewirbst du dich also bei einem Unternehmen auf mehrere Positionen, kann es passieren, dass die falschen Unterlagen im System hinterlegt werden. Deshalb besser zweimal prüfen, ob alles passt, was du ins Portal für deine Zielstelle hochgeladen hast.

8.3 Charmant und professionell nachhaken

Sind wir mal ehrlich. Für niemanden ist es angenehm, wenn die erwartete Rückmeldung auf die Bewerbung wochenlang ausbleibt und man wohl oder übel zum Telefon greifen muss, um den aktuellen Bewerbungsstand zu erfragen. Hier lernst du, wie es für dich zu einem professionellen Routineanruf wird, der dir auch kein Magengrummeln mehr verursacht. In Abbildung 8-4 siehst du außerdem, wie das ideale Vorgehen bei der Nachverfolgung ist. Bestenfalls hältst du immer etwa zwei Wochen Wartezeit ein.

Abbildung 8-4: Vorgehen bei Verfolgung des Bewerbungsstatus

Zunächst einmal solltest du dich vergewissern, ob es eine Frist für die Einsendung der Bewerbung gibt. Ist das der Fall, solltest du mit deinem Anruf beim Personaler mindestens bis zwei Wochen nach Ende der Frist warten. Gab es keine Frist, orientierst du dich bei den zwei Wochen an dem Datum, an dem du deine Unterlagen beim Unternehmen eingereicht hast.

Bevor du allerdings beim Unternehmen nachhakst, solltest du sicherstellen, dass die erhoffte Antwort nicht bei dir im Spam-Ordner gelandet ist. Denn auch das ist leider keine Seltenheit. Ist dort allerdings auch nichts zu finden, darfst du gerne beim Personaler anrufen. Denn damit nervst du nicht. Und du wirkst auch nicht aufdringlich. Ganz im Gegenteil, dadurch sendest du das positive Signal, dass du wirklich an der ausgeschriebenen Stelle interessiert bist.

Für einen solchen Anruf solltest du bestenfalls immer deine eingereichten Unterlagen zur Stelle haben. Zu Beginn stellst du dich kurz namentlich vor und bedankst dich dafür, dass man sich für dich Zeit nimmt. Anschließend nennst du in ein bis zwei Sätzen kurz den Grund für deinen Anruf. Gab es keine Empfangsbestätigung oder gab es noch keine Reaktion auf deine Bewerbung?

Sprich dein Gegenüber mit seinem Namen an und erkundige dich höflich danach, wie weit der Bewerbungsprozess vorangeschritten ist und wann du in etwa mit einer Rückmeldung rechnen kannst. Komplizierter ist das ganze Unterfangen gar nicht. In Abbildung 8-5 findest du eine Beispielformulierung für den Anruf, die du natürlich auch nach deinen Bedürfnissen abändern kannst.

Formulierungshilfe

Guten Tag Frau Personalerin,

vielen Dank, dass Sie sich kurz Zeit für mich nehmen. Ich weiß, dass Sie viel um die Ohren haben und deshalb möchte ich Sie auch gar nicht lange von Ihrer Arbeit abhalten. Könnten Sie mir kurz Auskunft darüber geben, wie der aktuelle Stand im Bewerbungsverfahren ist und wann ich voraussichtlich mit einer Rückmeldung von Ihnen rechnen kann? Ich hatte mich vor zwei Wochen auf die Ausschreibung beworben, in der Sie eine XYZ gesucht haben.

Abbildung 8-5: Beispielformulierung für die Nachverfolgung

8.4 Tracking-Tool für mehr Bewerbungserfolg

Wenn es um deinen Bewerbungserfolg geht, solltest du nichts dem Zufall überlassen. Auch kann dich dein Bauchgefühl schnell auf eine falsche Spur bringen. Um dem vorzubeugen, empfiehlt sich die Verwendung eines einfachen Tracking-Tools, in dem du deinen Bewerbungserfolg dokumentierst und auswertest.

Es hilft dir dabei, falls es nötig sein sollte, dein Vorgehen im Bewerbungsprozess zu optimieren. Zum einen solltest du überprüfen, ob 50 bis 70 Prozent deiner Bewerbungen zu einer Einladung ins Vorstellungsgespräch führen. Liegt deine Erfolgsquote niedriger, musst du unbedingt noch einmal an der Aufbereitung und Passung deiner Unterlagen arbeiten. Die Stellenanzeigen, auf die du dich bewirbst, detaillierter zu analysieren und deine Eignung für den Job genauer zu überprüfen, kann dann ebenfalls helfen.

Aber lass dir gesagt sein, dass es meist eher an der Qualität der Unterlagen liegt als an mangelnder Qualifikation für den Job, wenn es zu einer Absage kommt. In Branchen und Jobs, in denen es viele Bewerbende auf eine Stelle gibt, ist es üblich, dass die Absagequote etwas höher liegt – einfach weil die Konkurrenz härter ist. Dann sollte die Erfolgsquote um die 50 Prozent liegen. Bewirbst du dich allerdings auf eine Stelle, für die es nur wenige qualifizierte Fachkräfte gibt, vielleicht sogar in einer exotischen Branche, sollte deine Erfolgsquote deutlich höher liegen. Denn dort fällst du mit einem besonderen Profil und exzellenten Bewerbungsunterlagen sehr schnell auf.

Du solltest allerdings nicht nur einen Blick auf die Quote der Absagen werfen, die du von Unternehmen auf deine Bewerbungen bekommen hast. Zum Nachschärfen bei der Jobsuche ist es genauso wichtig, dass du im Blick behältst, wie viele Einladungen zu Vorstellungsgesprächen du von dir aus abgesagt hast. Wenn diese Quote höher als 20 Prozent ist, solltest du unbedingt sorgsamer mit deiner Zeit umgehen. Denn das spricht dafür, dass du dich wahllos auf eine Vielzahl von Jobs beworben hast, auf die du eigentlich gar keine Lust hattest. Jede Bewerbung, die nicht zu deinem Traumjob führt, kostet dich Zeit und Energie. Außerdem hat es auch Einfluss auf dein Selbstbewusstsein, wenn du unzählige Bewerbungen verschicken musst, um einen Job zu ergattern, der dir Freude bereitet. In Abbildung 8-6 findest du ein sehr simples Beispiel für ein Tracking-Tool, mit dem du den Erfolg deiner Bewerbungen auf einfache Weise überwachen kannst.

Wie du im aufgezeigten Beispiel siehst, muss dein Tracking-Tool gar nicht viele Daten enthalten, die du überwachst. Die Anzahl der Bewerbungen, um den Gesamtüberblick nicht zu verlieren. Der Name des Unternehmens und die aufgeführte Stellenbezeichnung. Das Datum, an dem du dich beworben hast. Und das jeweilige Ergebnis. Die Absage ging vom Unternehmen aus. Du hast nach mehrfachem Nachhaken keine Rückmeldung erhalten. Du hast selbst abgesagt, weil der Job doch nicht das Richtige für dich war. Und zuletzt noch der Fall, dass du zum Vorstellungsgespräch eingeladen wurdest. Du zählst in der jeweiligen Spalte die Ergebnisse zusammen und teilst diese durch die Gesamtanzahl an Bewerbungen, die du verschickt hast. Zum Schluss mit 100 multiplizieren, und du erhältst die jeweilige Quote. Dieses Vorgehen ist sehr simpel und trotzdem effizient in der Erfolgskontrolle der Jobsuche.

Tracking-Tool

Nr.	Firma	Job	Datum	Absage Firma	keine Rückmeldung	selbst abgesagt	Einladung
1	F1	J1	02.01.23				X
2	F2	J2	02.01.23			X	X
3	F3	J3	02.01.23				X
4	F4	J4	10.02.23				X
5	F5	J5	10.02.23		X		
6	F6	J6	07.03.23	X			
7	F4	J7	07.03.23				X
8	F7	J8	07.03.23	X			
9	F1	J9	07.03.23			X	X
10	F4	J10	01.04.23				X
				20 %	10 %	20 %	70 %
				$= \frac{N_{AU}}{N} * 100$	$= \frac{N_{KR}}{N} * 100$	$= \frac{N_{AB}}{N} * 100$	$= \frac{N_{E}}{N} * 100$

Abbildung 8-6: Beispiel für Tracking-Tool zur Erfolgsüberwachung

8.5 Dein Bewerbungsprozess auf einen Blick

Wenn du das in diesem Buch geteilte Wissen dazu nutzt, dir eine Bewerbungsroutine zu schaffen, wirst du nicht nur mehr Erfolg mit deinen Bewerbungen haben. Du wirst auch in der Erstellung deiner Bewerbung effizienter werden und deutlich mehr Spaß an der Sache haben, weil es sich nicht mehr wie eine unüberwindbare Hürde und ein riesiger Berg Arbeit für dich anfühlt. In Abbildung 8-7 findest du zur besseren Übersicht deine optimale Bewerbungsroutine noch einmal grafisch dargestellt.

Abbildung 8-7: Beispiel für eine effiziente Bewerbungsroutine

Mit dieser Routine ist dir der Weg ins Vorstellungsgespräch sicher. Meisterst du dieses dann ebenso mit Bravour und fühlst du dich mit den Menschen dort wohl, kannst du bald in deinem Traumjob durchstarten. Und vergiss eins nicht: Nicht nur du bewirbst dich bei Unternehmen. Sie bewerben sich auch bei dir. Beide Seiten sollten am Ende mit ihrer Wahl zufrieden sein.

Wie geht's weiter?

Falls du nach all diesem nützlichen Input noch weitere Motivation oder Unterstützung benötigst, kannst du gern auch auf www.herway2success.com vorbeischauen. Dort findest du Zugang zu jahrelang erprobten Eins-zu-eins-Coaching-Programmen und Online-Kursen, die bereits hunderte Jobsuchende auf ihrem Weg zum Traumjob begleitet haben.

Außerdem findest du dort neben inspirierenden Erfolgsgeschichten zahlreiche nützliche Tools und Vorlagen mit Tipps und Tricks zum Download.

Über die Autorin

Nicole Nützel ist Produktmanagerin und stellvertretende Programmleiterin in der Automobilindustrie. Außerdem arbeitet sie als Karrierecoach und gründete 2020 »herway2success« (HW2S). Sie ist Expertin in Sachen Bewerbung, Netzwerken und Effizienz im Job. Mit ihren digitalen Helferlein, Eins-zu-eins-Coachings und Online-Programmen begleitete sie bereits Tausende Kunden auf ihrem Weg zum Traumjob. Dieser Mission folgen heute über 40 000 Menschen in den sozialen Medien.